多賀の本
2

JN093267

多賀は
ゾウの里だぞう

多賀町立博物館 編

SUNRISE

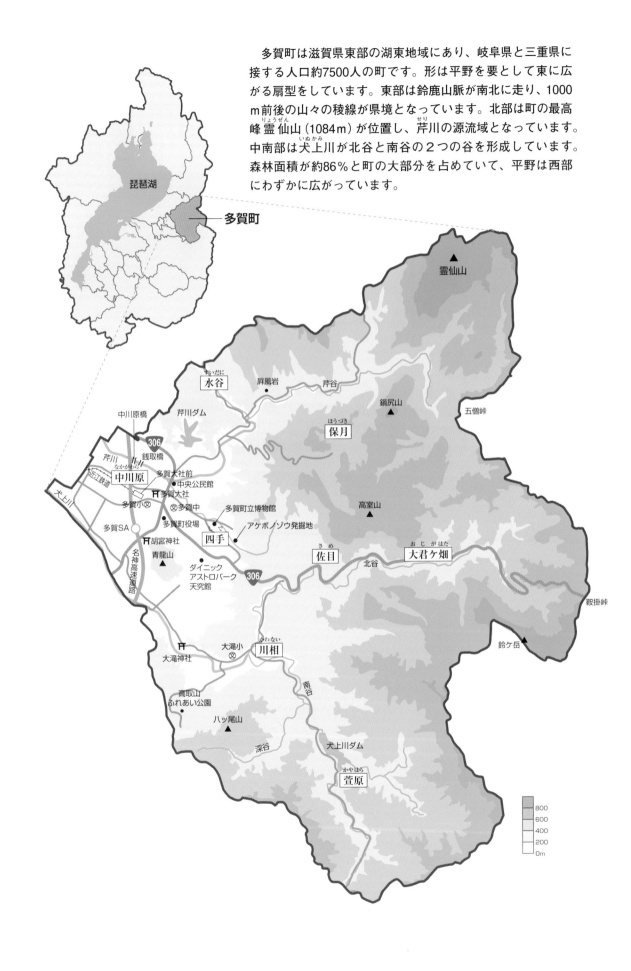

多賀町は滋賀県東部の湖東地域にあり、岐阜県と三重県に接する人口約7500人の町です。形は平野を要として東に広がる扇型をしています。東部は鈴鹿山脈が南北に走り、1000m前後の山々の稜線が県境となっています。北部は町の最高峰霊仙山（1084m）が位置し、芹川の源流域となっています。中南部は犬上川が北谷と南谷の2つの谷を形成しています。森林面積が約86％と町の大部分を占めていて、平野は西部にわずかに広がっています。

はじめに

　1993年３月に発掘された「アケボノゾウ化石」は、今もなお全国で最も立派な古代ゾウの化石です。気の遠くなる長い時を越えて目の前に現れたアケボノゾウは、私達に夢と誇りを与え、多賀町の自然のすばらしさを教えてくれました。同年８月に発刊された『アケボノゾウ発掘記』(多賀町教育委員会)は発見までの経緯を説明しながら、全身が揃っている稀な化石であることを詳しく述べています。1999年３月には町民のみなさんの熱意によって、「あけぼのパーク多賀」の中に「多賀町立博物館」が開館し、ホールには復元されたアケボノゾウ全身骨格が展示されました。以降、事業では常にアケボノゾウが中心的な役割を果たし、現在入館者は35万人を超えています。

　本書は『アケボノゾウ発掘記』の改訂版になるとともに、2013年から始めた「多賀町古代ゾウ発掘プロジェクト」の成果をわかりやすく解説することを目指したものです。また、多賀町立博物館が開館する以前から「多賀の自然」を愛し、地域を支えていただいた方々の活動も紹介しました。

　発刊を機に、今まで関わっていただいた皆様方に感謝の念を表したいと思います。

2020年３月

多賀町立博物館館長

小早川 隆

目次

はじめに　　3

第1章　姿を現したアケボノゾウ

1　「おーいこっちへ来いや！」 …………6
2　2度の徹夜から本格発掘へ ………… 7
3　四手の丘は化石の宝庫!?
　　栗園とドブガイの化石 ………… 9
4　地層と化石からわかる大昔のようす…11
5　四手の沼の移り変わり …………12
6　アケボノゾウを掘り出せ …………14
7　1頭まるごとだ！ …………16
8　全部の骨を運び出せ …………18
9　並べてみると…迫力満点！ …………20
10　よみがえるアケボノゾウ …………22
11　アケボノゾウ大地に立つ!! …………24

第2章　多賀町に博物館ができるまで

1　歴史民俗資料館ができた …………26
2　ケイビングフェスティバル1987が
　　やってきた …………27
3　新しい文化施設の建設へGO！ …………28
4　小さな町に博物館ができたのは ………30
5　多賀の自然が施設を招いた …………32

第3章　多賀町古代ゾウ発掘プロジェクト

1　2012年 アケボノゾウ再発掘への道…34
2　化石は出るか　可能性を探る！ …………36
3　「多賀町古代ゾウ発掘プロジェクト」
　　始動！ …………38
4　さあ、待ちに待った発掘だ！ …………40
5　発掘隊の一日 …………42

6　これが多賀の化石だ！① …………44
7　これが多賀の化石だ！② …………46
8　発掘プロジェクトの5年のあゆみ ……48
9　琵琶湖の周りにすんでいたゾウたち…50

第4章　プロジェクトで何がわかったの

1　地層から …………52
2　植物化石から …………53
3　花粉化石から …………54
4　シカ化石から …………55
5　魚の化石から …………56
6　ワニの化石から …………57
7　昆虫の化石から …………58
8　貝の化石から …………59
9　珪藻（ケイソウ）の化石から …………60
10　足跡の化石から …………61
11　はしかけ古琵琶湖発掘調査隊の協力…62

第5章　多賀は100年前からゾウの里

1　最初の化石は1916年（大正5）………64
2　発見が相次いだ1973〜1980年 ………65
3　解けない謎に挑む …………66
4　牙だ！　地層に埋まっている！ …………67
5　開館を飾る大発見！
　　―大島学芸員の奮闘 …………68
6　芹川のナウマンゾウ化石マップ …………70
7　新たな挑戦　年代を決めろ！ …………72
8　さらなる夢を追って …………73

多賀町の地質と自然マップ　　74
おわりに　　76

第1章

姿を現したアケボノゾウ

　1993年（平成5）3月、多賀町四手の住友セメントの貯鉱場建設現場から、アケボノゾウの化石が見つかりました。地元多賀町の教育委員会と、琵琶湖博物館開設準備室が協力して発掘調査を行い、ほぼ全身の骨を掘り出すことができました。掘り出した化石はクリーニングをし、欠けた部分を補って、全身骨格が組み立てられました。アケボノゾウの化石としては、これまで見つかった化石の中で一番完全に近いもので、まさに日本一のアケボノゾウといえるものです。

日本一 多賀のアケボノゾウは日本一、たがゆいちゃんは「かわいさ日本一」

私、多賀大社の巫女さんをモデルにした「たがゆいちゃん」、よろしく！

日本一 多賀大社はお伊勢さんの親神さま

みなさん、こんにちは！私はアケボノゾウを発掘した博物館の「かんちょう」です。多賀町のすばらしさをみんなに紹介するために案内役でやってきました。よろしく！

日本一 日本最初の広い多賀サービスエリア

ようこそゾウの里へ、私、たがゆいちゃんがこれから多賀町の自然について案内するよ。よろしくね！

「おーい、こっちへ来いや！」
～それはこのひと言から始まった～

大きな骨

四手の山々

地層（粘土）

工事中のコンクリートの水路

ほんとですか！持って行かれた牙を見せてもらえませんか？

この間大きな骨と牙が出よった

小早川さん（のちの「かんちょう」）

雨森さん

辻田さん

ドラマの始まり　　1993年3月5日

この日の午後、調査のために歩いている小早川隆さん（当時、高校教諭）と雨森清さん（当時、小学校教諭）に、すっかり顔なじみになった建設会社の辻田さんが声をかけました。

「この間、大きな骨が出よったぞ！　巨獣の骨や」「うそやと思うなら、四手の高橋嘉彦先生のところへ行って見てこいや」「牙も出た。わしもこれぐらいの牙を持っているぞ」

話を聞いていると、ゾウの牙にまちがいなさそうです。驚いた2人は早速電話でお願いをして、理科の先生だった高橋先生の家に向かいました。

やっぱりゾウの牙だった　　3月5日の夕方

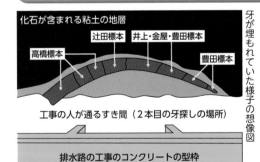

1～2月は雪などであまり現場へ行かなかった。これが、遅れをとってしまったんだ。やっぱりマメに歩かないと駄目だと反省したんだ！

牙の第一発見者：高橋先生宅にて

高橋先生は突然の訪問に驚かれたようでしたが、すぐに化石を見せてくださいました。黒みを帯びてずしりと重く、まちがいなくゾウの牙の化石でした。

工事の方から知らせを受けて、奥さんと現場を訪れてみると、粘土の壁から石の丸太のようなものを発見したということです。

牙を集める　　3月6日

化石が含まれる粘土の地層

辻田標本

井上・金屋・豊田標本

高橋標本

豊田標本

工事の人が通るすき間（2本目の牙探しの場所）

排水路の工事のコンクリートの型枠

牙が埋もれていた様子の想像図

翌日、辻田さんから、家に持ち帰っておられた化石をお借りすることができました。牙の化石は途中でいくつかに折れて、高橋先生と4人の方が家に別々に持ち帰っておられたのです。多賀町教育委員会の音田直記さんが奔走して、数日後にはすべての破片が中央公民館にそろうことになりました。

バラバラになった牙を見て、正直なところ残念無念という気持ちだったよ

でも、発見したみなさんが、せっかく持ち帰った牙をこころよく出していただいて、よかったわ！　このことが、全身の骨の発見につながったんだから！

集めると、バラバラだったが確かに1本分の牙に相当した

現場を確認―「取りあえず掘ってみよう」 3月7日

草が生えた斜面
シカ化石が見つかった場所
牙化石が見つかった場所

工事の方から、すぐに埋めてしまうと聞いてあせったよ

石膏を流して型どり

ゾウの化石が出たとすれば、大発見です。ゾウ化石の専門家である高橋啓一さん（当時、琵琶湖博物館開設準備室）に連絡をとって、緊急に発掘調査をすることになりました。 小早川さんと雨森さんの2人がお昼前から現場に入り、午後には高橋啓一さんもやってきました。排水路の左側には、牙を掘りだした跡が、粘土質の地層の上にクッキリと残っていました。あまりにもきれいな弓形の跡を見て、石膏（せっこう）を流し込んで型を取ることになりました。

小早川さんたちが型どりの準備をしている間に、排水路の反対側を調べていた高橋さんが、壁面にシカの化石があるのを見つけました。

シカの化石で徹夜―シカタがない！か 3月7日　夜〜8日早朝

すぐに掘り出せると思ったシカの化石は、下顎（したあご）の骨が見つかって、さらに崖（がけ）の奥へと続いていることがわかってきました。発掘の先が見通せない

ままに夜を迎え、発電機と照明器具が用意されました。冬型の気圧配置になって北風が強くなり、気温がどんどん下がります。

午後10時に牙の型どりが終了しましたが、シカの化石はまだまだ残っています。発掘はそのまま続き、現場の工事が始まる寸前の午前8時にやっと化石が入ったままの粘土のブロックを2個、掘り上げることができました。

このシカの化石は、ほぼ全身の骨が残っていて予想外の収穫となり、現在は復元骨格が多賀町立博物館に展示されています。

バラバラになっていた、牙の元の形を石膏で造っておこうと考えたんだ。そうしたら、一頭丸ごとのシカが見つかったんだ！「この場所はなんというすごいところだ！」と思ったよ

ゾウの牙と2mも離れない場所にシカが

ゾウはどこへ行った？ シカでは終われない！ 3月8日

展示されているシカの復元骨格（多賀町立博物館）

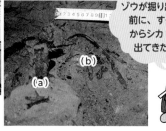

ゾウが掘り出される前に、すぐそばからシカ1頭が出てきたのね

シカの背骨(a)と肋骨（ろっこつ）(b)が見えている

徹夜の発掘で牙の石膏の型がとれ、さらにシカが1頭分とれるという大きな成果があがりました。

しかし、月曜の朝、小早川さんたちは「ゾウはどこへいったんだ？」と納得できない気持ちのまま、それぞれの職場に向かいました。

ついに2本目が出たぞ！　2度目の徹夜　　　　　　3月10日〜11日朝

ついに、執念で2本目の牙発見

仕事の合間も「もう1本の牙」が頭をよぎり、雨森さんは矢も盾もたまらず10日早朝に現場へ向かいました。音田さんをはじめとする教育委員会のスタッフも駆けつけて朝7時過ぎから発掘を始めました。明日にでも埋められそうな排水路と壁との間のせまい場所で、時間に追われて発掘が続きました。

午前中は小さな骨のかけらが出てきただけでしたが、午後2時過ぎに夏原伸幸さん（当時、教育委員会）がカツンという音を耳にしました。同時に、ツルハシの柄に感じた手ごたえで、「牙だ！」と思ったそうです。見つかった牙は、最初に見つかった牙のすぐ奥に、2本を並べたような位置にありました。連絡を受けた高橋啓一さんがやってきたときには、あたりは夕闇に包まれ始めていました。

牙は壊れないように、まわりを石膏で固めてから取り上げることになりました。石膏による補強が終わったときには、午前2時を過ぎていました。牙を取り上げるためにまわりの粘土を掘ると、次々と大きな骨が出てきます。骨を避けて牙の下の粘土を取り除き、石膏で補強された牙を自動車に積み込んだときには、空が明るくなり始めていました。

見つかったのはいいが、1本目のようにバラバラになっては元も子もない。豊富な経験をもっている高橋さんを待つことにしたんだ。そうしているうちに日が暮れ、ついに2回目の徹夜に突入してしまった！

2日目の徹夜で高橋さんらと牙を掘り出す

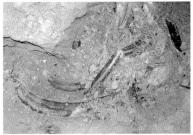

掘っている足下に肋骨や大腿骨が現れる

次々に骨が見えてくる、もう限界だ！　　　　　　3月11日午後

ツルハシで掘る人海戦術も限界

牙を掘っている間に、足下からたくさんの骨が出てたなんて！だから「全身の骨が埋まっている」と確信をもったのね！

なんとか2本目の牙は掘り上げたものの、牙が埋まっていた周辺からはいろいろな形をした骨が顔をのぞかせています。徹夜の疲れを癒やして仮眠をとった後、それらを掘ろうとしますが、次第に人力で掘ることの限界が見えてきました。

午後4時頃には力つき、工事しておられた当時の住友セメントさんに正式にお願いをして、本格的な発掘のできる体制をつくろうということになりました。この体制が整うには1週間ほど時間が必要でした。

③ 四手の丘陵は化石の宝庫!? 栗園とドブガイの化石

栗園と土取り場があった四手丘陵

樹木が伐採されると、茶褐色の大地が見えてきた。これは、主に石ころの層とその下にあるシルト※の層なんだよ

※シルト…砂より小さく、粘土より大きい粒のこと。

1970年ごろ

アケボノゾウ発見の20年ほど前、四手の丘陵には栗園(きゅうりょう)が広がっていました。大滝小学校に勤務していた上田 重衛(じゅうえい)先生は、丘陵の土取り場で子どもたちと貝化石を見つけて、「ここは昔の琵琶湖の底だったんだよ」と説明していたそうです。それを聞いた時の子どもたちの驚く顔を見て、理科を好きにさせるには化石探しが一番だと語っておられました。

雨森さんたちはその昔の話を聞いて四手の丘に行ってみたのですが、20年ほどの間に栗園も土取り場もなくなって、一面の草むらになっていました。

工業団地の工事が始まった!

1991年春から

1989年の秋に雨森さんたちは、びわ湖東部中核工業団地の造成のために、四手の丘陵が大規模に削られるという話を耳にしました。

地層や化石を調べるには絶好の機会と考えた雨森さんたちが調査の準備を進めている頃に、音田さんから「多賀町の自然調査の地質分野を引き受けてもらえないか」というお話がありました。

そのおかげで、重機が止まっている日曜日には、安心して現場に入って調査ができることになりました。

造成工事が始まり地面がむき出しになった丘陵

四手の丘陵で化石を探そう!

1992年6月

新四手川の工事現場で化石探し

調査が進むと化石が出るところは限られていることがわかってきたんだよ

四手が化石の宝庫であることを誇りに思ってもらうために行われたのね。私も参加したかったわ!

工業団地の造成工事は周辺の川の河道(かどう)の変更や沈殿池そして国道306号から四手の丘陵への道路建設から始まりました。樹木の伐採の後、丘陵が大型重機により切り崩されると、広い範囲で地層が見えるようになりました。はじめは茶褐色(かっしょく)の地層でしたが、まもなく青灰色(せいかいしょく)の粘土が現れるとたくさんの化石が見つかるようになりました。

そこで地元の四手のみなさんに呼びかけて「四手の自然教室」を開き、化石探しを行いました。

やっぱり四手の丘陵は化石の宝庫！

オオバラモミ

ドブガイ

シカの歯

四手の自然教室を催す頃には、コンテナに数十箱もの貝や植物の化石が採集できました。また、砂が混じっているところからは立木の根株や足跡の化石も出てきました。さらに、シカの骨や歯の化石が少しずつ見つかるようになり、化石の総数は600点を超えていました。

これらの成果は新聞各社に取り上げられて、多賀町が「化石の宝庫」として注目を浴びました。

> 調査を始めて1年ほどで600点もの立派な化石が見つかったのね、すごいことよね！

> これで、多賀が化石の宝庫ということが証明できたんだよ

No.32地点は打ち出の小槌！

重機で削られる地点No.32

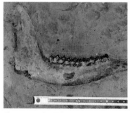
歯のついた顎化石

脊椎骨と上腕骨

調査をした地点に番号をつけて、そこの地層の特徴や採集された化石を記録していきます。そうしていくと、化石がよく見つかる地点とあまりない地点がはっきりわかってきました。

その中でも、No.32地点では化石がよく見つかり、雨森さんたちが一番注目していました。ここは住友セメントのベルトコンベアで運ばれてきた砕石（さいせき）を貯蔵し、ダンプカーで出荷するための施設を建設する場所でした。この地点の粘土層からは、きれいな貝の化石がコロコロとたくさん出てくるのが特徴でした。

1992年10月11日にそこを訪れた雨森さんが、粘土の壁からシカの角（つの）が飛び出しているのを見つけました。

雨森さんから連絡を受けた小早川さん、音田さん、高橋啓一さんらが加わって発掘を続けると、角の外に下顎骨（かがくこつ）・脊椎骨（せきつい）・上腕骨（じょうわん）など、それまでに発見されていたどのシカ化石よりもりっぱなものでした。雨森さんたちは、「ここは、出そうと思えばどんな化石でも出るなあ」「まるで、打ち出の小槌（こづち）みたいやなあ」と思ったそうで、その後もたびたびこの場所を訪れることとなりました。

シカの骨が見つかったNo.32地点

> 今のシカと違うりっぱな角だね。まだ知られていない新種のシカかもしれないよ

左：現在のニホンジカの角・右：見つかった角

地層と化石からわかる大昔のようす

姿を現した "ひと目10万年" の地層　　　　　　1992年秋

　工業団地の工事が始まって2年目に、堂山という丘が削られ、厚さ40mほどの崖ができました。一望のもとに見渡せる崖には約10万年間に堆積した地層が現れました。

　さらにそこから、新しい川を作るために深く掘り込んだので、最終的には四手地域で厚さ約90mもの古琵琶湖層群と呼ばれる地層があることがわかりました。地層が湖や沼、あるいは平野や川辺にたまったものかを知るには、地層と化石を詳しく調べなければなりません。

多賀礫層

富之尾火山灰層

上部四手粘土層

下部四手粘土層

こんな大きな崖はめったにみることはできないよ。人の大きさでスケールがわかるよね

大きな崖の下は、新しい南四手川のためにさらに深く掘られたのよ

堂山を削ってできた大きな崖

年代を知る手がかりは「火山灰層」

　現在、多賀町の近くに火山はありませんが、四手丘陵の地層では7枚の火山灰が見つかりました。特に堂山の大きな崖に見られる富之尾火山灰層は厚さが3mにもなり、この地域に広く分布しています。火山灰にはガラスが含まれるのでみがき砂としての効果があり、地域では古くから掘り出して利用していました。

新南四手川底の四手火山灰の採取

火山灰を調べると噴火した時代もわかるんだ。この火山灰でこの地域の時代が180万年前とわかったんだよ

No.32地点の四手火山灰層

　火山灰は、遠くの火山が大規模な噴火をしたときに、風に乗って飛んできたり、川で運ばれてきたりして湖や沼にたまったものです。

　富之尾火山灰層とNo.32地点の四手火山灰層は、調査地域の地層がたまったのが今から何年前かを知るための、大切な手がかりになりました。測定した同志社大学の林田明さんは四手火山灰層が今から180万年前のものと結論づけました。

多賀礫層

富之尾火山灰層

上部四手粘土層

地層を記録する

　40mもあった堂山の地層をはじめ、各調査地点で見えていた地層も、いずれは工事で削られたり埋められたりして見られなくなります。そこで、出てきた地層はその特徴を詳細に観察し記録します。さらに、写真を撮り、当時の様子を残していきます。

下部四手粘土層

四手火山灰層

地層を柱状に描く

　観察した地層の記録を1本の柱状に表した図を柱状図と呼びます。柱状図を下から上へ読み解くと、四手地域の180万年前の環境がわかってきました。

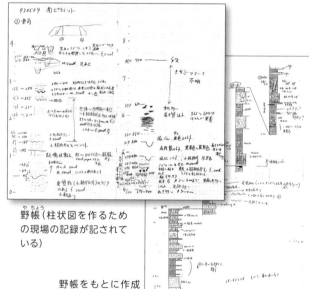

野帳（柱状図を作るための現場の記録が記されている）

野帳をもとに作成された柱状図

地層を持って帰る

　過去の重要な証拠が残っている地層は、後の研究に役立つようにはぎ取って持ち帰ることがあります。四手においても複数の地点で地層のはぎ取りを行いました。

崖に樹脂を吹きつけた後、布を貼り付けている

地層からわかる180万年前の多賀

地層はふくまれる土の質などから、次の4つに区分されました。①が最も時代が古く、順に新しくなります。いずれの層にもゾウやシカと思われる足跡がたくさん見つかります。

④富之尾火山灰層
　厚い火山灰とその上に礫（れき）の層が見られることから、川によって大量の火山噴出物が流れ込み、沼が埋め立てられていった時代。

③上部四手粘土層
　木の根や幹を含む砂を混じりの粘土層が見られることから、沼があったが干上がることが時々あった時代。

②下部四手粘土層
　貝がたくさん見つかる粘土層が見られ、年代の決め手になった四手火山灰層をはさむことから、安定した水域をもち、時折火山灰が流れ込む沼の時代。

①亜炭山化石林層
　角（かど）のある礫やたくさんの木の根や幹が見つかることから、森や林のある山の麓（ふもと）で、時々土石流が流れ込んでいた時代。

④富之尾火山灰層

③上部四手粘土層

②下部四手粘土層

①亜炭山化石林層

足跡がたくさん見つかったということは、この沼の周辺をゾウが歩いていたのね！

青龍山

四手の沼

②下部四手粘土層の堆積した頃の様子

そうだよ、地層を調べるとゾウのすんでいた数十万年の自然環境の変化がわかるんだよ！

6 アケボノゾウを掘り出せ
1993年3月19日～28日

発掘体制を整える　　　　　3月12日～15日

重機で上にのっている地層をすべて取り除く

化石はこの下に埋まっている

「ゾウがまるごと埋まっていることはまちがいない。しかし、自力での発掘は不可能だ」と確信した高橋さんと音田さんは、本格的な発掘の体制を整えるために、琵琶湖博物館開設準備室と多賀町教育委員会に説明をして、発掘の体制づくりを始めました。

また、住友セメントを訪問し、15日には発掘の許可を得ることができました。

工事を止めてまで発掘をお願いしたのに、出てこなかったらどうしよう…。正直なところ、不安もあったんだよ！

発掘が始まる　　　3月19日

工事の迷惑にならないように、発掘作業は19日から28日までの10日間で行うことになりました。

まずパワーショベルで化石の層より上にある地層を取り除きました。そろそろ、化石が出てくるかも知れないと注意していると、パワーショベルで削った青灰色の粘土に茶褐色の模様が現れてきました。

ゾウの足跡？

茶褐色の模様の中心には、直径20cmほどの黒い模様があり、しかも一方向に続いているものがあったので、「これは、この付近を歩いていたゾウの足跡に違いない！」とワクワクした気持ちになりました。

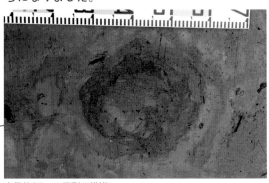

直径約30cmの円形の模様

コンテナハウスで寝泊まり

　現場には道具や採集した化石の保管のためにコンテナハウスが設置されました。また、期間中は盗掘（とうくつ）を防ぐために夜間もハウスに常駐する人を配置しました。

あちらこちらに骨らしきものが見えてるわ！

骨が現れる　　3月19日〜20日

　足跡調査を終え、発掘隊はツルハシを手に掘り進めました。骨が埋もれている地層面に近づくとドライバーや千枚通しに持ち替えて慎重な発掘が進められ、次第に骨が現れてきました。

1 頭まるごとだ！

3月21日〜4月3日

23日、見え始めた全身の様子をスケッチなどで記録しました。

全容を現したアケボノゾウ

3月末までの発掘で発見できなかった歯が、4月3日、下あごといっしょに、コンクリートの下から出てきたって、奇跡だわ！

報道陣を前に説明する高橋啓一さん

徹夜の発掘の時に見えていた大腿骨も全体が見えてきました。

寛骨のそばから、膝から下の頸骨、腓骨がそろって出てきました。

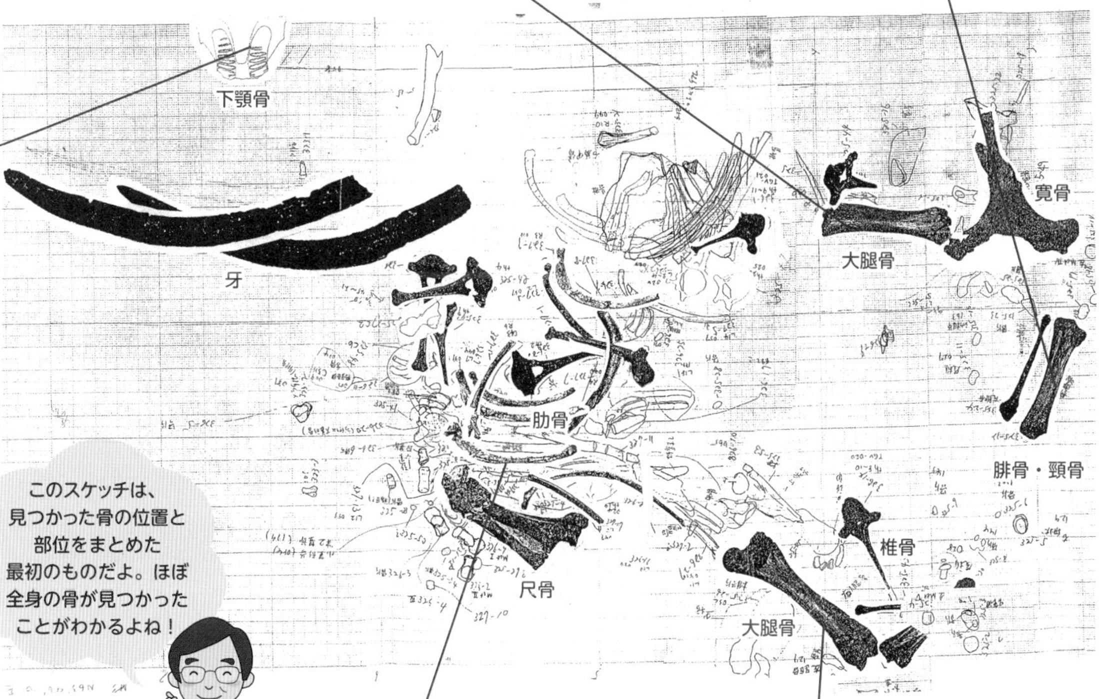

下顎骨

牙

大腿骨

寛骨

肋骨

尺骨

腓骨・頸骨

椎骨

大腿骨

このスケッチは、見つかった骨の位置と部位をまとめた最初のものだよ。ほぼ全身の骨が見つかったことがわかるよね！

肋骨や腕の骨は複数重なっていて、壊さないで掘り出すことに苦労しました。

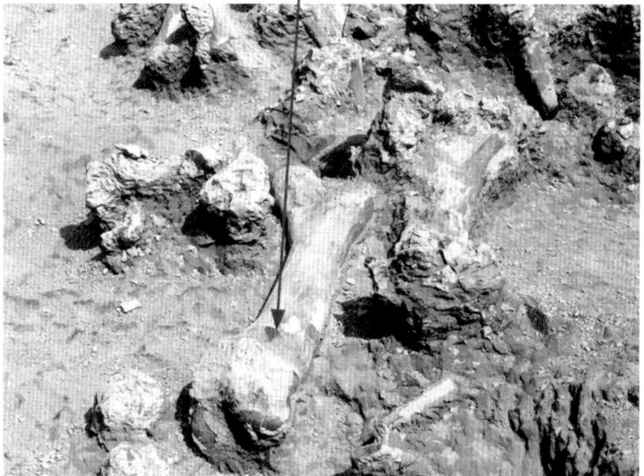

ほぼ完全な大腿骨や椎骨が現れました。なかなかの迫力でした。

全部の骨を運び出せ

1993年3月25日

固めて運ぶ

見た目には硬そうに見える骨も、年月を経てもろくなり慎重に扱わないと壊れてきます。そこで、石膏で固めて一旦現場から作業の部屋まで運び、時間をかけて粘土を取り除くことにします。

白いのは寛骨と大腿骨の石膏ブロック

骨を濡れた紙で保護してから石膏をかけていく

徹夜の発掘で掘り出した石膏で固めた牙も、クリーニングを始めたんだよ

クリーニングを始める

化石をおおっている粘土など、化石以外のものを取り除く作業のことを、クリーニングと呼んでいます。

一旦保管された化石は、早くクリーニングしないと付いている粘土が硬くなってしまって、時間が経過するほど取り出すのが難しくなったり化石を痛めたりします。骨の表面を壊さないように、また接着剤を流し込み補強したりしながら、千枚通しで化石をおおった粘土をはがしていきます。

この作業は、発掘の経験がある人にとってはそう難しくありませんが、粘土の中に骨が埋まっている場合、骨の形を推定しながらクリーニングするのは、なかなか高度な知識と技術が必要です。

肩甲骨を含む粘土ブロックから出た

1 最後に残ったのは、肩甲骨や肋骨が折り重なったブロックでした。

2 肩甲骨を含んだ石膏のブロックには多くの骨が含まれていると予想して、深く掘り下げました。

3 運ぶのは大変でした。

4 部屋に運ぶと粘土から小さな骨が円形に分布しているのが見えていました。

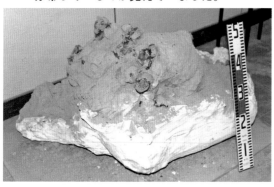

5 円形に見えていた骨は右前脚の指の骨でした。

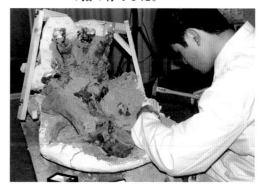

粘土の中から意外なものが

　このブロックをクリーニングした小西省吾さん（当時、大阪市立大学）は見えていた肋骨や肩甲骨を取りはずし始めました。

　そして、円形に分布していた小さな骨の粘土をはずしてみると、それぞれがつながっていることがわかりました。そして、現場ではまったく気がつかなかったゾウの右前脚の骨がすべてそろって出てきたのです。

180万年前の
ゾウの前脚が
そのまま見つかった
なんてすごいわ！

進むクリーニング……新たな発見続々と

つながっていた右前脚以外にも、粘土を取り除くにつれてさまざまな骨が見つかりました。肩甲骨のブロックの次に大きな粘土の固まりであった骨盤のブロックからは球状の骨が出てきました。

これも現場では気がつかなかった骨で、骨盤につながる大腿骨頭でした。粘土からまるで砲丸投げの鉄球が出てきたようで、驚きました。

骨盤ブロックをクリーニング

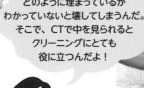
骨盤に大腿骨頭が付いていた

クリーニングには多くの人が関わりました。毎日の進行状況や注意事項、そして新しい発見などを次の人に伝えるために必ず日誌を記すことにしました。

粘土の中に骨がどのように埋まっているかわかっていないと壊してしまうんだ。そこで、CTで中を見られるとクリーニングにとても役に立つんだよ！

病院でX線CT撮影

大腿骨をクリーニング

下顎骨をクリーニング

報告会を開催

発掘されたアケボノゾウを見ていただくための報告会が中央公民館で行われました。会場には発掘の様子を撮った写真や骨化石が並べられ、町内はもちろん全国から研究者が訪れました。

発掘されたときの状況写真を展示

クリーニング途中の各部位の骨を展示

背骨を順番に並べる

部位別で60個、総計200個の骨

　クリーニングが終了した段階でゾウのどの部分
の骨が出てきたのか調べました。肋骨や椎骨は
60個も見つかり、骨片も含めた総計はおよそ200
個にもなりました。

　主な骨をゾウの形状に合わせて中央公民館のフ
ロアーに並べてみんなで喜びを表現してみました。
その迫力に一同は圧倒されました。

産出した部位を
赤く示した骨格図

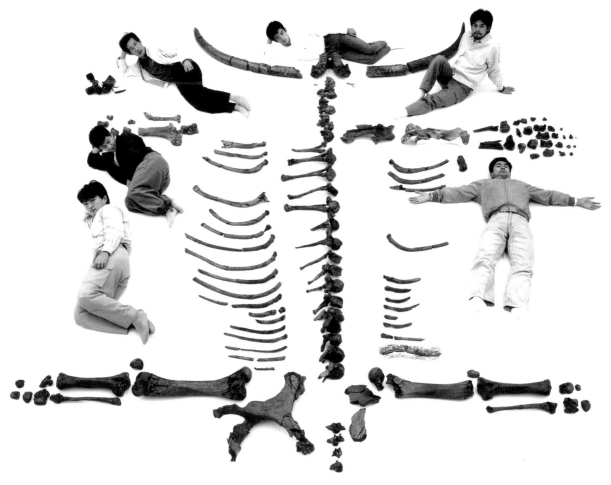

よみがえるアケボノゾウ

レプリカをつくる 1994〜1995年

　レプリカは、出てきた化石と同じ形をした模型です。本物の骨を苦労して取り出し、ようやくきれいにクリーニングしたのにどうして模型を造る必要があるのでしょう。

　実物の化石は1つしかないうえに、補強しているとはいえ壊れやすいものです。しかし、研究をするには化石からあらゆる情報を得ようと手にとって計ったり、計器にかけるために輸送したりしなくてはなりません。そのようなとき、実物そっくりのレプリカであれば壊れることを心配せずに思いどおりにあつかえます。

　さらに、レプリカであれば見つからない部分や埋まっている間に変形したり欠けたりした骨を補うこともできます。つまり、全身の骨のレプリカを造ることによってアケボノゾウの姿を復元することができるのです。

　このように、レプリカはただの模型ではなく、実物化石を保存し、研究や展示の幅を広げるための大切な標本です。

強化して保存

　レプリカ作りに耐えられるように、パラロイドやOH樹脂（化石を強化する合成樹脂）で補強しました。

このように多くの骨を
保存処理した例は少なく、
さまざまな方法を
試しながらの
作業となったんだよ

1 OH樹脂で補強した化石の表面

2 アルミ箔で保護する

3 シリコン樹脂を塗る

4 さらに樹脂を塗って補強する

5 樹脂で造った型枠をはずす

6 型に流し込んで製作した樹脂のレプリカ

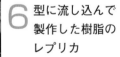

7 樹脂に色を塗る

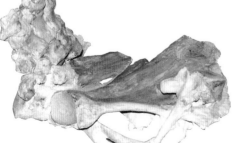

8 本物の色に近づける

全身骨格を復元する　　1995〜1996年

発見された骨化石から生きていた当時の姿を復元することは大変です。それはすでに地球上から姿を消していて誰も見たことがないこと、全体のごく一部の骨しか発見されないことが多いからです。一部の骨から全身を復元するのは難問ですが、それに挑むのが古生物学者です。

絶滅したアケボノゾウは幸いにも多賀で全身の7割もの骨が発見されました。したがって、生息しているアフリカゾウなどと比較すればかなり本当に近い形に甦らせることができるはずです。

高橋さんと小西さん、そして多賀町の学芸員となった大島浩さんは、欠けている部位の補強や骨を組み合わせる角度と位置を慎重に検討しました。その指導のもと、工房エフエフの職人さんが骨の組み立てに取り組みました。

骨は筋肉や靱帯(じんたい)がつなぎ役を果たすことによってつながり、全身の骨格を形づくっています。復元骨格は関節部に鉄ジョイントをつかったり、肋骨に鉄心を入れたりして安定を図り徐々に全身を組み立てていきました。

1 アフリカゾウと比較する

2 発見できなかった頭部の形を考える

3 鉄心を入れて椎骨を並べ、背中を形づくる

古生物学者と職人さんの二人三脚で、小さな骨から大きな骨まで次々と作り上げられたことがわかるね

4 下顎骨(かがくこつ)の欠けた部分を補充する

5 牙の位置を考える

出てこなかった3割の部分をどのように造るか？難しいと思うわ！

6 組み立てて橈骨(とうこつ)を補強

7 首に頭をつなげるための準備

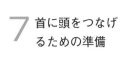

アケボノゾウ大地に立つ!!
1997年3月　多賀町歴史民俗資料館にて

180万年ぶりに多賀の大地に立つ

復元作業には約2年を費やしました。1997年3月、工房エフエフで完成した全身骨格のレプリカは、一旦分解されて運ばれ、歴史民俗資料館で再度組み立てられました。

180万年の時空を超えて再び大地に立つことになったアケボノゾウの勇姿を町民のみなさんに見て戴こうと、3月8日から1か月間にわたって初公開展を実施しました。

180万年前に多賀をこのような姿で歩いていたのね!

骨格復元から復元画プロジェクトへ

大地に甦ってから10年が経過した2008年、大津市にある成安造形大学の小田隆さんがアケボノゾウの復元画を描くプロジェクトを立ち上げました。共同研究者はクリーニングから全身骨格復元に貢献したみなくち子どもの森自然館の小西省吾さんです。

小田さんは神奈川県の愛川町郷土資料館に展示するために、新たに組み立てた骨格の様子を見ながら復元画を製作しました。完成した復元画は骨格に筋肉をつけ皮膚の様子が再現され、とても魅力的なアケボノゾウとなりました。

この復元画は発掘20周年記念として多賀町立博物館でも展示されました。

組み立てられるアケボノゾウ

多賀標本の全国デビュー

多賀標本の復元組み立てが完了すると、三重県や大阪府富田林市から多賀標本を複製して展示したいという依頼がありました。その後の愛川町郷土資料館を含め、5つの博物館等の施設で多賀のアケボノゾウが展示されています。

また、2009年から小中学校の教科書で多賀標本が日本の代表的な動物化石として、恐竜やアンモナイトなどとともに紹介されるようになりました。これによって、名実ともに全国に誇れるアケボノゾウとなったのです。

小田さんの復元図を子どもたちに説明

愛 読 者 カ ー ド

ご購読ありがとうございました。今後の出版企画の参考に
させていただきますので、ぜひご意見をお聞かせください。
なお、お答えいただきましたデータは出版企画の資料以外
には使用いたしません。

●書名

●お買い求めの書店名（所在地）

●本書をお求めになった動機に○印をお付けください。

　　1. 書店でみて　2. 広告をみて（新聞・雑誌名　　　　　　　　　　）
　　3. 書評をみて（新聞・雑誌名　　　　　　　　　　　　　　　　　）
　　4. 新刊案内をみて　5. 当社ホームページをみて
　　6. その他(　　　　　　　　　　　　　　　　　　　　　　　　　）

●本書についてのご意見・ご感想

購入申込書	小社へ直接ご注文の際ご利用ください。 お買上 2,000 円以上は送料無料です。		
書名		（	冊）
書名		（	冊）
書名		（	冊）

郵 便 は が き

お手数ながら切手をお貼り下さい

5 2 2-0 0 0 4

滋賀県彦根市鳥居本町655-1

サンライズ出版 行

〒

■ご住所

■お名前（ふりがな）　■年齢　歳　男・女

■お電話　■ご職業

■自費出版資料を　希望する ・ 希望しない

■図書目録の送付を　希望する ・ 希望しない

サンライズ出版では、お客様のご了解を得た上で、ご記入いただいた個人情報を、今後の出版企画の参考にさせていただくとともに、愛読者名簿に登録させていただいております。名簿は、当社の刊行物、企画、催しなどのご案内のために利用し、その他の目的では一切利用いたしません（上記業務の一部を外部に委託する場合があります）。

【個人情報の取り扱いおよび開示等に関するお問い合わせ先】
サンライズ出版 編集部　TEL.0749-22-0627

■愛読者名簿に登録してよろしいですか。　□はい　□いいえ

ご記入がないものは「いいえ」として扱わせていただきます。

第2章

多賀町に博物館が
できるまで

歴史民俗資料館と中央公民館とダイニックアストロパーク天究館

　多賀町は1955年（昭和30）に旧多賀町、大滝村（おおたき）、脇ケ畑村（わきがはた）が合併し、2015年に町制60周年を迎えました。当時、山間部には林業を中心とした安定した生活が営まれ、1965年においても約30もの集落がありました。長い歴史をもつ町内には各地域で大切に保存されてきた歴史文化の資料も多く、区や役場職員により収集されていました。それら貴重な資料は「歴史民俗資料館」や「中央公民館」に展示されていました。さらに、1980年代には「ダイニックアストロパーク天究館」という民間の天文台が開館し、多賀町の3つの文化的な生涯学習の施設として利用されてきました。

多賀町歴史民俗資料館

多賀の民俗

歴史民俗資料館は1980年に開館しました。玄関は旧役場の玄関が用いられました。

多賀町中央公民館

多賀のまちづくり

中央公民館は1978年に完成し、生涯学習の文化的な活動の中心地となりました。

ダイニックアストロパーク天究館

多賀の星空

ダイニックアストロパーク天究館は1987年、多賀町に工場がある布クロスなどのメーカー、ダイニックにより開設された民間の天文台です。

歴史民俗資料館ができた

多賀の歴史民俗と自然の資料がいっぱい

1980年、当時の滋賀県知事を迎え、県下にさきがけて「歴史民俗資料館」が胡宮神社境内の静かな環境の地で開館しました。多賀町の古墳時代から近代に至る各時代を代表する宝物や遺物、昔の暮らしの民具、古文書などが紹介されました。人々の暮らしとも関わりの深い多賀の自然に関してもコーナーが設けられていました。

昔の民具の展示

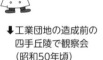
町内の小中学校の10人ほどの先生が子供たちに教えるために地層や化石を調べていたんだよ

探る会の調査

↓工業団地の造成前の四手丘陵で観察会（昭和50年頃）

『多賀町の自然』➡

「多賀の自然を探る会」による展示

自然関係の資料は1976年から小・中学校の先生方の「多賀の自然を探る会」の活動成果を基に《ふるさとの自然のようす》のコーナーに展示されていました。玄関に並べられた権現谷のウミユリやフズリナ化石を含む大きな石灰岩は、どこにも負けない立派な標本でした。多賀の自然を探る会は、多賀町出身で当時京都東山高校の藤本秀弘先生の指導のもとに進められ、『多賀町の自然』が発刊されました。

1978年には中川原の渡邊清造さんが芹川でナウマンゾウの臼歯化石を発見し、それまでの臼歯と合わせて7点が展示されていました。このナウマンゾウの化石については、第5章で詳しくお話しすることとします。

多賀の自然を探るために先生方が多賀の野外で勉強したのね

新たな調査成果を追加して

展示室には琵琶湖の歴史の展示コーナーがあり、そこには四手丘陵の貝や植物の化石がありました。開館から10年ほどした頃、四手丘陵に工業団地が造成され、それにともなって昔の琵琶湖に関する新しい事実が明らかにされ、多数の化石が採取されるようになりました。その成果は小・中・高等学校の先生方でつくられた堆積環境研究会によって従来の展示に追加されました。

さらに、1993年のアケボノゾウ化石発見の後は、発掘で見つかった貴重な化石の整理や展示、復元のための貴重な空間となりました。びわ湖東部中核工業団地が完成する頃まで年間約3000人の来館者を迎えていたこの資料館も、あけぼのパーク多賀の開館を契機に役割を終えました。

大昔の多賀の様子のパネル

工業団地の工事でわかったことや保存の良い化石を展示したんだよ

多賀で見られる岩石

ケイビングフェスティバル1987がやってきた

生涯学習の拠点・中央公民館

1978年、各集落の公民館、約40か所を束ねる中央公民館が、旧多賀中学校跡地に建設されました。中央公民館では青年団の活動、青少年を育成する活動、そしてシニア世代のための老壮大学が開かれました。また図書室では読書活動などが行われ、現在の図書館の役割を果たしていました。

開館して数年、その生涯学習の拠点に全国から人々が集う大会がやってきました。

全国の洞窟探検家が集合

芹川源流には広く石灰岩が分布し、東京スペレオクラブ、立命館大学探検部、大阪教育大学ケイビングクラブなどによる調査で、石灰洞の数が約50か所ほどあると確認されています。

1987年、多賀町をフィールドに日本洞窟協会と日本ケイビング協会の合同総会を記念してケイビングフェスティバルが開催されました。その主会場として中央公民館が選ばれたのです。

7月25日から2泊3日の大会には、全国から初心者からベテラン洞窟探険家まで約150人が参加しました。公民館では講演会や交流会そしてケイビング技術講習会が行われ、洞窟での活動に臨みました。

農林商工課のまちづくり

現地実行委員の役場農林商工課の安藤一成さんは、これを機会に河内風穴を広く知ってもらい、まちづくりに結びつけようと奮闘しました。

大会に先立ち行われた調査では、500m程度とされていた洞窟の総延長が2000m以上であることがわかり、洞内に新たな大ホールや鍾乳石群が発見されました。

その後、河内風穴調査隊のイザナギプロジェクトは、公式の総延長距離が1万mを超えたと発表しました。その結果、河内風穴は当時日本で3番目に長い洞窟となり全国から注目を集めました。

安藤さんなど当時の実行委員が目指した「河内風穴を全国に発信する」という目標が達成されたといっていいでしょう。

ケイビング
フェスティバル1987
7月25日(土)〜27日(月)

「広報たが」昭和62年6月15日号

［左］室内での講習会　［右］2階からぶら下がって技術講習

参加者全員で
記念撮影

河内風穴が
全国3番目に
なるまでに
こんなことが
あったのね

「河内風穴」森の間

27

③ 新しい文化施設の建設へGO！

アケボノゾウが発掘されて2年後、文化施設開設準備室が設置され、館長をはじめ文化財や図書館関係の職員も含めて5名で、開館に向けてスタートしました。準備室は「多賀町文化施設基本計画策定委員会」を設置して、委員長にはゾウ化石の権威である京都大学名誉教授亀井節夫先生にお願いしました。

23人の委員は多賀町の文化施設のあり方の検討を進め、1996年末には「多賀町文化施設基本計画答申」が亀井委員長から多賀町に提出されました。

みんなでつくる博物館

1996年から町民のみなさんといっしょに博物館をつくろうといろいろな取り組みが始まりました。まず、「広報たが」の紙面で「多賀の自然の魅力」を解説しました。

そして、実際に触れたり観たりするフィールド観察会を企画しました。観察会は植物や動物をめあてにしたり、洞窟探検であったりしました。お世話をするのは、博物館の学芸員はもちろん開館のための資料調査委員会のみなさんでした。

チョウの研究者・布藤美之さん

布藤美之さんは、日本鱗翅学会会員でチョウの研究者です。四手丘陵を中心とした調査を行い、貴重なチョウの資料や情報を提供いただきました。

自然観察会では標本の採集や作成、また、子どもたちへのお話など、知識や技術指導を行い、開館に向けて地域を盛り上げていただきました。

化石採集家・大八木和久さん

大八木和久さんは化石採集家の肩書きのとおり、全国の産地を訪れて鋭い観察力で貴重な化石の発見を積み重ねています。

特に、採集後のクリーニング・整理の手順は丁寧で、石から少しだけ見えている化石を見栄えのする化石にまで仕上げる高い技術をもっています。

常設展示室の化石のコーナーには大八木さんが採取し、技術を駆使して丹念にクリーニングした化石が展示されています。

亀井節夫委員長（右）と平木和夫教育長（左）

博物館開館半年前の「広報たが」

第4回 博物館 金曜講座
「多賀の地面の話」
〜中生代から新生代のできごと〜

第8回 博物館 フィールド観察会
きのこ探索
彦根市内 雨壺山

博物館ができるまでたくさんの観察会をして地域のみなさんから応援していただきました

採取したチョウを説明する布藤さん

クリーニング作業

化石の場所を示す大八木さん

マルチで活躍、土田典子さん

　常設展示室にある多賀町のチョウやトンボなど昆虫の標本の多くは布藤さんたちの指導のもと作成されたものです。この標本作製の中心となったのが、準備室の職員として事務的な仕事から野外観察や収集までマルチに活躍した土田典子さんです。

　さらに、自然環境や生き物などの様子を図やイラストで表現することも得意とし、展示室にある解説書の多くも土田さんの作品が基となっています。

　特に、古代の多賀町の様子を、科学的な事実からわかりやすく描いた風景図は、説得力をもつだけでなく、郷愁さえも感じます。

採取したチョウを
標本に

多賀町が火山灰で
真っ白になった
こともあったのね

土田典子作
「多賀に火山灰が降った日」

その名はあけぼのパーク多賀

　施設の外観が見えてきた1998年1月には「末永く町民の方々に愛され親しまれるように」と、建設予定の文化施設の愛称が募集されました。

　2か月の期間に町内外の小学生から90歳の方まで364名の応募がありました。愛称の候補には「多賀グリーンメッセ」や「多賀ささゆりの丘」「たがはっぴいぱーく」などがありましたが、それらの中から敏満寺に住む平木さんの「あけぼのパーク多賀」が採用されました。

　このようにして決まった文化施設「あけぼのパーク多賀」は開館に向けて歩み始めたのです。

「広報たが」1998年3月号

常設展示室の工事の様子

1999年3月、ついに町立博物館が開館

　1998年6月には文化施設建設準備室が「あけぼのパーク多賀」の新しい建物に移転しました。職員は年度内の開館に向けて、資料の収集や標本づくりを進めながら、時には鉄骨やコンクリートに囲まれた工事中の「常設展示室」で講演会も行いました。

　文化施設建設基本計画答申から5年後、待ちに待った文化施設の「多賀町立博物館　多賀の自然と文化の館」が年度末に開館しました。

　開館式ではアケボノゾウ全身復元骨格を背景に、亀井先生からの祝辞がありました。そして、多くの来賓からお祝いの言葉があった後、一般の方々の常設展示室の見学が始まりました。アケボノゾウの本物の骨化石をはじめ、多賀町の動植物の展示を見て、ふるさとの自然に誇りを感じた開館初日となりました。

開館式でのあいさつ

発掘から5年。
ついに、待ちに待った
博物館が開館したんだよ。
当日は、子どもたちの
ワクワクした顔が
見られた！

開館初日の常設展示室

小さな町に博物館ができたのは

1996年、草津市に滋賀県立琵琶湖博物館が、琵琶湖のすべてを感じる博物館として開館しました。多賀町の博物館はその2年後に小さな町の小さな博物館として開館しました。

「アケケボノゾウ化石の発見」が「町に博物館を」といった機運を盛り上げたことは間違いありませんが、加えて、以前から地域の学校がふるさとの自然から学ぶ教育に力を注いできたことも目に見えない力となったと考えられます。

大君ケ畑分校の校舎

分校でのふるさと教育

1950年代の多賀町には山間部に多くの集落があり、小中学校の分校もありました。それぞれの分校では地域の自然を教材に教育活動がさかんに行われていました。

さまざまな取り組みによって、分校の子どもたちが自信と誇りを持ったことは、その後の町の教育に明るい未来をもたらせました。

大君ケ畑分校の花ごよみ

大君ケ畑は山間部の集落の1つで、大滝小学校大君ケ畑分校がありました。自然に囲まれ、特別天然記念物のニホンカモシカ、特別保護鳥のイヌワシが生息し、春から秋にかけてはいろいろな花が咲き、秋には山々が紅葉で彩られます。

分校の北村敏子先生たちは、この美しい自然に目を向けさせようと考えました。当時、三重県に通じる集落内の道路が、国道306号として拡張され始めた頃でした。先生たちは「道路が広がり交通量が増えると自然が大きく変化をする」と予想し、村に咲く花の観察や採集はもちろん、道路工事とともに侵入してくる外来種のセイタカアワダチソウを抜き取る活動もしました。

活動の成果は「大君ケ畑の花ごよみ」として科学研究発表会で子どもたちによって報告されました。この継続研究は1973年には学生科学賞県展で最優秀賞、1974年には科学技術庁長官賞を受賞しました。

その後、地域の植物を観察記録するという「大君ケ畑の花ごよみ」の魂は、分校の先生だった種村和子さんをはじめ中川信子さん、森小夜子さんの「多賀植物観察の会」によって引き継がれています。

花ごよみの研究発表の練習

三重県との境界に近い小さな分校で、全国でも評価されるすばらしい環境教育が実践されていたんだよ

国道が広がり、交通量が増えると、車とともに多くの草花が入ってくると考えたのね。北村先生はそうなるまでに村に生える植物を記しておこうとしたのね。すばらしい着眼点だわ！

外来種のセイタカアワダチソウを抜く

北村敏子先生と子どもたち　（写真はすべて北村敏子さん提供）

萱原分校のおしどりの里

犬上川南谷上流に犬上川ダムが完成したのは1946年で、そのすぐ下流の萱原集落に大滝小学校萱原分校がありました。萱原分校ではふるさとの自然に着目して、植物を使っての遊び、草花、昆虫・鳥類の自然観察力を養う活動に力を注いでいました。

分校の村長昭義先生は1985年頃から犬上川ダムを「水鳥の楽園」にしたいと、地域ぐるみで巣箱づくりなどの野鳥保護活動を行いました。

巣箱づくり

子どもたちが巣箱をかける

野鳥クラブの活躍

犬上川ダム湖水面全域が鳥獣保護区特別保護地区の指定を受けた翌年の1987年には、県の愛鳥モデル校となりました。分校では野鳥クラブ員が中心となってドングリを拾い、くず米を集め餌付けを行ない、ダムに飛来する水鳥の数を毎日表示する活動を続けました。

その頃はオシドリの繁殖地の南限は岐阜県高山市とされていましたが、1988年には萱原のオシドリの数は180羽にもなり、南限が多賀町にまで南に広がる勢いとなりました。

飛来したオシドリの群れ

水鳥の楽園にして地域を活性化しようと、巣箱づくりも住民のみなさんがされたんだ！そして、子どもたちの手で樹木にかけていったんだよ

手づくり看板

お母さんやお父さんとドングリ拾いをして、オシドリにあげたんだって。そしたらどんどんと数が増えていったそうよ

餌のドングリ拾い

愛鳥活動に各分野から評価

同年にはダムの岸辺には地域の方々と分校の先生の手によって「おしどりの里かやはら」の大看板ができあがりました。そして、京都新聞社より愛鳥活動から村の活性化を図っていることで「草の根善行賞」が授与され、毎日放送で「おしどりの里かやはら」として放送されました。

全国から萱原分校の教育に注目が集まった1989年には、鳥獣保護全国発表会で児童がそれまでの取り組みを発表して、林野庁長官賞を受賞しました。

野鳥観察小屋から（このページの写真はすべて村長昭義さん撮影）

5 多賀の自然が施設を招いた

芹川ダムの野鳥の森

　芹川ダムは農業用水を確保するために、戦前の1938年に計画され、終戦後の1956年に完成しました。1974年、ダムの周辺一帯が愛鳥週間の滋賀大会の式典会場に選ばれました。

　会場となったのは多賀町一円地区で、周辺は大会に向けて「滋賀県野鳥の森」として整備されました。開場式は環境庁、日本鳥類保護連盟、滋賀県そして多賀町により開催され、来賓として来町された常陸宮ご夫妻による祝辞やキジの放鳥、そして記念植樹などの行事が行われました。

　野鳥の森には周辺の自然を紹介したビジターセンターをはじめ、観察小屋や野鳥の水のみ場が設置されました。ダムを囲む緑と水面に浮かぶ無数の野鳥を観察するための歩道が整備され、野鳥保護の拠点として多くの人々が訪れました。ビジターセンターでは彦根自然観察の会の平松光三さんを中心として、来訪者の案内や継続的な調査活動が行われました。

　その結果、ほぼ年中見ることのできるカルガモやアオサギ、冬のオシドリなど、野鳥の森では約90種類を超す鳥類が確認されました。

多賀町は、おしどりの里よりずっと前から野鳥を大切に見守る町だったのね！

野鳥の森の中心にある芹川ダム
（平松光三さん撮影）

ビジターセンターの玄関。野鳥観察会　　　（平松光三さん撮影）

ダイニックアストロパーク天究館

　1987年にはダイニックが「環境をまもり、自然や地域住民との調和」を究めていこうとする「ニューファクトリー構想」に基づいて「ダイニックアストロパーク天究館」を開館しました。「工場の中にある天文台」というユニークさに加えて、本格的な設備が話題になりました。

　夜空が美しい小高い丘の上に立つ天体ドームに設置された県下最大の60cm反射望遠鏡が夜空を捜索し、天文ファンにとって多賀町は「星の聖地」と知られるようになりました。

小惑星「TAGA」

　天究館の初代館長は米田康男さんで、天究館に集う友の会と共に新しい小惑星の発見に力を注ぎました。1988年に発見した1988XPIは小惑星センターにより正式に「TAGA」と命名・登録され、多賀町が「星の町」として一躍脚光をあびることとなりました。

　さらに、天究館は当時の国立科学博物館の村山定男さんなどの著名な天文学者の講演会やベルリンフィルのメンバーなどを招いての定期的な演奏会を200回以上開催し、「星の観られるコンサート会場」として多賀町の文化の質の向上に大きく貢献してきました。

60cm反射望遠鏡

多賀町が星になったのね、すてき！多賀の名前のついた小惑星、見てみたいね！

星空の観察会

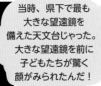

当時、県下で最も大きな望遠鏡を備えた天文台じゃった。大きな望遠鏡を前に子どもたちが驚く顔がみられたんだ！

第3章

多賀町古代ゾウ
発掘プロジェクト

2013年はアケノボゾウ化石が発掘されてから20年目に当たります。いわば、アケボノゾウが現代の世界に再登場してから成人を迎えることになります。記念すべき発掘20周年に向けて、郷土の誇りであるアケボノゾウに再び光を当てるための事業を考えていた頃、多賀町立博物館に意外な訪問者が現れました。

「野洲のおっさん」やでー。
ワシ、恐竜の化石を発掘したいなー
と思って多賀町立博物館に
やってきたんよ！

アケボノゾウの発見から
もう20年も経つんだ。
今でもあの時の興奮は
忘れない！
すごかったー！

ぼくタガワニくん！
早く見つけてもらうために、
この章からぼくも
参加します

私の生まれる前のことだから
その時の多賀の人たちの驚きは
想像できないわ！
私も発掘をしてみたいわ！

野洲のおっさんカイツブリ…滋賀県の鳥、カイツブリのキャラクター。
県内のテレビ局びわ湖放送で月〜木曜日「知ったかぶりカイツブリ
にゅーす」というレギュラー番組も持っている人気者！

2012年　アケボノゾウ再発掘への道

8月―琵琶湖博物館への問い合わせ

　日本の各地で地域の自然や文化を活かしたまちづくりが盛んに行われています。2012年の夏、琵琶湖博物館の高橋啓一副館長のところへ「滋賀県で恐竜の化石が見つかるところはありませんか？」といった問い合わせがありました。

　質問の主は県内各地でまちづくりを企画・応援している「アミンチュプロジェクト」です。高橋さんは「恐竜は無理ですが、ゾウであれば多賀町から出ていますよ」と答え、後日一緒に20年前の発掘現場に行くことになりました。

　しかし、現場に行ってみるとかつての発掘場所は、砕石貯鉱場の山となっており、とても掘れる状態ではでなく、あきらめて帰りました。

野洲のおっさん、多賀町へ

　そのような出来事の後、アミンチュプロジェクトのスタッフが「野洲のおっさん」を連れて多賀町立博物館にやってきました。「野洲のおっさん」はアケボノゾウの復元された全身骨格を見ながら、発掘の感動的な話を館長から聞くうちに、一度あきらめたアケボノゾウを掘る夢が再びわき起こり、思わず「ワシも掘ってみたい、頼んで掘らせてもらえんやろか？」と叫んだのです。

10月―正式な許可下りる

　「野洲のおっさん」の一言に押されて、館長はアミンチュプロジェクトさんとともに、交渉のために滋賀鉱産㈱を訪れました。

　10月中旬に正式に許可が下り、「アケボノゾウをもう一度発掘する」といった夢がかなうことになりました。

兵庫県丹波市では、恐竜化石をテーマとした町づくりが行われているんだよ

丹波市の丹波竜による町づくり

ここにゾウが眠っているかも！

ワシも掘ってみたい！

20年前の発掘は夢のような出来事じゃった！

ここを掘っていいのですね。滋賀鉱産㈱のみなさん、ありがとうございます。夢がかないました

発掘を許可された場所（1992年10月にシカ化石が出た場所）

アケボノゾウの全身骨格が発見された場所（1993年3月）

再発掘現場

80m離れる

新南四手川

1993年の発掘現場

滋賀鉱産㈱砕石貯鉱場

ぼくのことも
早く見つけてね

20年前の場所から
それほど離れていないし、
シカ化石も
たくさん出たんだ

ここなら、
2頭目のアケボノゾウが
見つかる可能性が
ありそうね

11月—試しに掘ってみよう

　11月6日にパワーショベルを使って、発掘予定地の端の部分を掘ることになりました。

　表面の泥を除いた後の粘土層は青灰色で予想以上に硬いものでした。しかも西へ10度ほど傾いていて、目標の四手火山灰層まで掘ることができるか心配しました。

四手火山灰層を探せ

　四手火山灰層まで掘ることを目標としたのには理由があります。それは、アケボノゾウが見つかった層が四手火山灰層の約1.3m上であることを1993年の発掘の時に確認していたからです。

　つまり、アケボノゾウを探すには四手火山灰層を目印に掘ればいいのです。

現場のそばで見られる四手火山灰

化石は出るか　可能性を探る！

出た！ 足跡だ！

パワーショベルが表面をおおっていた泥を取り除くと、新鮮な硬い青灰色の粘土が現れました。そして、表面には不思議な模様が見えてきました。

「20年前の模様が出てきた！」「この模様の下にアケボノゾウが埋まっていたんだ！」と当時を覚えているメンバーは笑みを浮かべました。

さらに、足跡化石研究会の岡村喜明さんはゾウの足跡らしき模様を削りはじめました。

ゾウの足跡らしき模様を削る岡村さん

トレンチに入って地層を観察

動物の骨が出た

難しかったトレンチ（溝）を掘る作業も、ベテランのオペレーター・棚橋さんにより7日には深さ3mほどに達し、四手火山灰層が現れました。水がわき出てどろんこの溝に入り、1m前後の高さの所の粘土の壁を注意深く観察しました。

まもなく、青灰色の粘土の壁の所々に5か所ほどの褐色で硬く出っ張っている部分が目に止まりました。その内の1か所を掘り出すと予想していたとおり、骨化石が出てきました。

褐色の出っ張りを掘ると

壁から掘り出されたのはシカの左中手骨でした

本格的に発掘しよう！

20年前の発掘地点の近くとはいえゾウの骨化石が出てくる保証はありません。

しかし、予想したとおりの場所から足跡やシカの骨化石などが見つかり、アケボノゾウが出てきた時と同じ状況が確認できたことによって、本格発掘への道が見えてきたのです。

骨化石が見つかったことが再発掘を決断させてくれたんだよ

トレンチの位置を測量

発掘場所を区割りするために測量する

本格発掘への準備　測量する

　発掘をより正確に進めるために、褐色の地面が現れた頃から測量を始めました。発掘する人たちがどこを、どのように掘っていくかを考えるために最も大切な準備です。

　3人1組で根気のいる作業ですが、発掘が進むに従って、発掘地はどんどん変化していくので測量は何度も行われました。

より美しい表面に

　重機で削られた表面は、でこぼこしていたり細かな泥でおおわれていたりします。表面を観察しやすいように、また掘りやすいようにねじり鎌で丁寧に削ります。

ねじり鎌で削り、ハケで掃く

準備のための道具

　準備には測量道具の他、地面を手作業で削り取るねじり鎌が欠かせません。

　長い発掘期間の間には必ず雨に見舞われます。雨が降らなくても、掘り進むほど地面から水がわき出てきます。

　発電機を利用してポンプで排水した後は、みんなで手分けしてひしゃくでかい出し、スポンジで吸い取り発掘に備えるのです。

発掘できる状態にするまでには、こんなに大変なのだよ！

1張のテントに道具がいっぱい

③ 「多賀町古代ゾウ発掘プロジェクト」始動！

調査団の名称が決定

　試しに掘った結果が予想以上のものとなり、関係者は大いに勇気を得ました。そして、20年前のように発掘調査団を結成して進める価値があると確信しました。

　また、結成する調査団は一部の専門家が研究するためだけではなく、発掘に多くの方々が参加できて地層や化石に興味や関心を持ってもらうことを目的としました。その２つの目的を示す調査団の名称を「多賀町古代ゾウ発掘プロジェクト」としました。

発掘は来春に

　発掘の日程は、子どもたちや仕事をもっているプロジェクト隊員が参加しやすく、気候の良い４月末のゴールデンウイークの時期としました。日程が決まったことにより、本発掘に向けて一気に走り始めました。

発掘に向けて学習会

　４月の発掘に向けて、はしかけ古琵琶湖調査発掘隊や多賀町発掘隊そして発掘ボランティアに応募してきた方々が琵琶湖博物館に集まり研修会を始めました。

　１月には1993年のアケボノゾウ発掘当時の様子のエピソードを交えた話を聞いて、夢をふくらませました。２月には地層の見方について展示しているはぎ取り標本を使って実習をしました。３月は足跡化石の調査方法を学び、発掘が始まったらすぐに調査できるように研修しました。

専門班を交えて事前の打ち合わせ（４月、多賀町立博物館）

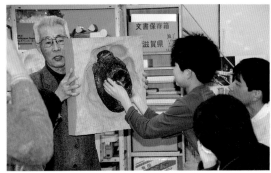
事前の学習会（足跡化石　３月、琵琶湖博物館）

発掘直前の打ち合わせ

　本発掘の直前には事務局と専門家が具体的な手順について打ち合わせ、発掘地を４m×４mに区切った15の区画（これをグリッドと呼びＧ１～Ｇ15で表す）を目安に発掘を進めることにしました。

● 各班は指示されたグリッドに入り、班長を中心に発掘を進めることにしました。

● 右は第一次発掘の初日の様子です。グリッドに班員が入って発掘をしています。足跡化石の班は足跡がないか探しています。

グリッド14　グリッド10　グリッド４　グリッド６　足跡調査をする班

滋賀県の地学力を結集して

多賀町古代ゾウ発掘プロジェクトの組織は、多賀町立博物館、滋賀県立琵琶湖博物館およびアミンチュプロジェクトの3者で構成されました。

3者はそれぞれ、地域を活かした多賀町発掘隊、はしかけ制度を活かした古琵琶湖発掘調査隊、発信力の強みを活かした発掘お助け隊を募集しました。

さらに、湖国もぐらの会、堆積環境研究会、足跡化石研究会など実績のある皆さんに参加いただき、奇しくも「滋賀県の地学力」を結集したプロジェクトになりました。

さあ、待ちに待った発掘だ！

2013年4月27日

さわやかに薫風が吹くなか、開会式が始まった

開会式

　2013年4月27日、準備の整った発掘現場に54人の発掘隊が集合しました。開会式は町の関係者の挨拶にはじまり、多賀大社の龍見將弘さんによる発掘安全の祈願、そして鍬入れ式で終わりました。

　その後、全員を対象として、地層や化石の研究者から観察方法について、また20年前にアケボノゾウが見つかった現場で当時の様子の説明が行われました。

新緑と青空のもと、ワクワクした開会式が始まったんだよ

鍬入れ式

NHK おはよう関西で放送

　新聞社やテレビ局は発掘プロジェクトに話題性があると考えたのでしょう。前日の結団式から多くの取材者が訪れました。

　中でも、NHK大津放送局は期間通じて密着取材を行い、地域情報番組「おはよう関西」において「古代ゾウの発掘調査・夢を託す地元住民たち」というタイトルで放送しました。

開会式を見守る多賀町発掘隊

ＮＨＫ記者の取材撮影

隊員の編制は6班で

　初日に集まった54人の隊員は6班に編制し割り当てられたグリッドに入ることになりました。班にはまとめ役の班長をはじめ記録係、道具係、安全係、写真資料係そして休憩時間のおやつ係まで作ってあります。研究者は各班の状況を把握しながらアドバイスしたり質問に答えたりします。

　このようにして初めての発掘は、人との出会いやいろいろな情報を得ながら楽しく進みました。

20年前にアケボノゾウが見つかった現場で当時の興奮を説明

発掘する場所の地層の全体像を説明

⑤ 発掘隊の一日

8：00

発掘現場の準備

事務局は発掘隊が来るまでに、現場を整備します。雨の朝は、スムーズな発掘に備えて排水を始めます。

テントを立てて休憩、荷物置き場をつくり、隊員の到着を待ちます。

朝は事務局の司会のもと、前日までの進行状況や反省点をもとに、専門班からミニ解説があります。

9：00 ～ 9：15

朝の打ち合わせ

その後、班分けが発表され班別に打ち合わせした後、道具をもってグリッドに入ります。もちろん、けがのないように発掘のウォーミングアップをしてからです。

9：15 ～ 10：30

発掘1時間目

はじめて化石を発掘する人にも、専門家からわかりやすく説明しているのね！

> 多賀町古代ゾウ発掘プロジェクト
> **専門班**
> 多賀町古代ゾウ発掘プロジェクト 2015
> **班 長**
> 多賀町古代ゾウ発掘プロジェクト 2015
> **多賀町発掘隊**
> 多賀町古代ゾウ発掘プロジェクト 2015
> **はしかけ**
> 多賀町古代ゾウ発掘プロジェクト 2015
> **発掘お助け隊**

10：30 ～ 10：45

休憩

野洲のおっさんから「ヤステラ」の差し入れもあったよ

休み時間には発掘に関する学習会もあるんだよ

10：45 ～ 12：10

発掘2時間目

12：00 ～ 13：00

昼食

13:00～14:00

発掘3時間目

地面ばかり見て
化石を探すのも
大変な作業ね。
だから、見つけた
ときの喜びが
大きいのね

14:00～14:15

休憩

見つかった骨化石の説明に聞き入る

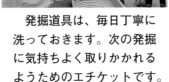

14:15～15:15

発掘4時間目

発掘道具は、毎日丁寧に
洗っておきます。次の発掘
に気持ちよく取りかかれる
ようためのエチケットです。

15:15～15:30

後始末

15:30～16:00

各班からの報告

毎日の反省やまとめは
発掘の意味を
確認するために
とても大切なことだよ

後始末が終わると、一日の成果
や感想を班別に報告してもらいます。
　班長は「はしかけ」のメンバー
のことが多く、班員がどのような
化石を発見したのか、その活躍も
交えて報告します。大物を発見し
た時は声も弾みます。

こんな1日もありました

雪の日も

泥んこの
日も

発掘の初日、前夜からの大雪でどう
しよう？　それでもめげずに、みんな
でどろんこになりながら懸命の除雪と
排水で午後からは発掘できました。

発掘の間に台風が来て、全面が水没。こ
の水を排出するには2機のポンプで1日半
を要しました。1週間のうち2日ほどしか
発掘できないこともありました。

雨の日も

これが多賀の化石だ！①

足跡化石

　足跡の化石は、試しで掘った時にいくつか発見されていました。したがって、本発掘の初日から足跡化石班は詳細な調査に取りかかりました。未来の足跡化石の研究者が育つように、足跡の見方、記録の方法などが熱心に伝えられました。

　時には、樹脂などで型どりを行ったり、CTで断面を探ったりしながらどのような動物の足跡か推定しています。

足跡の輪郭を確認する

足跡をスケッチする

足跡の追跡と大きさを測る

植物化石

毎日の出来事が絵入りで記録された「堀田ノート」の1ページ

　この発掘で最もたくさん採集されたのは植物化石です。しかし、残念なことに、壊れやすく、見つかるものも破片が多くて完全なものはわずかです。また、乾燥に弱く、水やアルコールで保湿する必要があります。破片が多い中で、ヒシの化石はしばしば完全な形で見つかります。貴重な資料としてグリッドごとにアルコールを入れたビンに保存します。

　現在、はしかけの会長を務める堀田博美さんは、現場で学んだ化石の処理方法や出来事を絵入りで詳しく記録しています。私たちはこれを「堀田ノート」呼んでいます。

オオバラモミ

メタセコイア

カエデ

ブナ

珍しく完全な形で出た貝化石

貝化石

　1992年頃、発掘地周辺は工事の真っ最中で、粘土からはほぼ完全な貝の化石がたくさん見つかりました。その記憶から、現在発掘している粘土からもたくさんの貝化石が出ると予想していました。
　しかし、予想外に貝の化石は少なく、出てきた貝も多くがバラバラに壊れていました。

コイの咽頭歯

ルーペで咽頭歯を探す

魚化石

　脊椎動物では、魚の咽頭歯がたくさん見つかりました。種類はフナが多く、次いでコイでした。
　しかし、大きいコイでも1mm程度で、ルーペで確認しながらの発掘となります

昆虫化石

　同じくルーペで探す化石には昆虫化石があります。魚化石と異なるのは色です。黒光りする咽頭歯に対して、昆虫化石は今まで飛んでいたかのように虹色に光ります。

キラリと光る昆虫の翅

大型哺乳類化石

　哺乳類化石は試掘に続いて、本発掘でもシカの骨化石が見つかりました。
　特に二次発掘では19点も見つかりました。アケボノゾウ化石の発見の直前にも、多くのシカ化石が見つかっています。

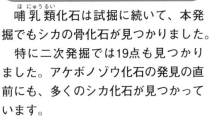
シカの上腕骨

シカの上腕骨の位置を測る

爬虫類化石　ワニの化石

　プロジェクト開始から4年目の2016年、四次発掘の2日目に現場から初めてのワニ化石が見つかりました。
　2010年に発見されたワニ化石は正確な地点がわかっていません。今回は詳細な地層が調べられた発掘地の粘土層から出てきたことにより、今後の研究に大変重要な発見となりました。

ワニの歯の化石

これが多賀の化石だ！②

微化石を採集する

花粉を調べるサンプルを地層面に直角に採る作業

化石が1mm程度であればルーペでなんとか確認することができますが、それより小さくなると顕微鏡で調べないとわかりません。このようなものを微化石と呼んでいます。

地層には微化石がたくさん含まれ詳しく環境を知ることができます。プロジェクトでは花粉や珪藻について調査が行われました。

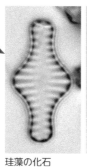 

珪藻の化石

花粉化石

地層の中には、小さな花粉や珪藻の化石がいっぱいあるんだよ！

記録する

採集された化石を記録する

採集された化石を保存する作業

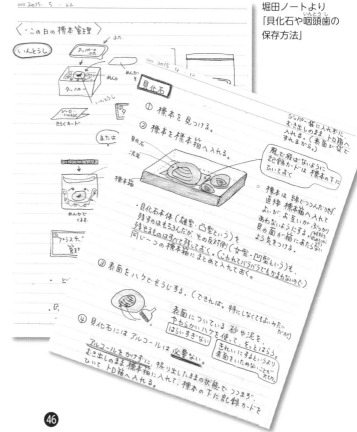

堀田ノートより
「貝化石や咽頭歯の保存方法」

地層を掘る

　発掘隊がどのように掘っていけばいいか検討し、方向性を見いだすためには、先へ先へと掘り進めます。深くなるほど硬く、狭い場所でツルハシで掘るのは大変です。

ツルハシで掘り下る作業は大変

地層をはぎ取る

　調査が終わると、大切な地層もすぐに観察できなくなり、証拠も失われていきます。調査中に見過ごしていたことがないか、もう一度観たい場合もあります。そこで大切な部分をはぎ取って保存することもあります。

地層のはぎ取り作業

地層を調べる

　180万〜190万年前にどのような環境で地層ができあがったのか調べました。発掘現場にすべての地層が観察できる垂直な崖(がけ)があるといいのですが、たいていの場合は発掘隊が崖をつくることになります。崖の表面は細かな模様も観察できるように、ねじり鎌を用いてきれいに削ります。

　削った表面にはいろいろな模様が見えてきます。砂や泥といった粒の大きさの違いのほかに、けずってみると「ガリッ」っと茶色くて硬い塊(かたまり)も見えてきます。それらの観察した内容を記録していくと「柱状図(ちゅうじょうず)」というものができます。

地層を詳しく観察するための鎌で削る作業

地層の断面を詳しく観察

現場を測量する

⑧ 発掘プロジェクトの5年のあゆみ

2012年　出会いと準備の年

2013年4月　多賀町役場で結団式

発掘の出会いから半年、隊員募集や現場の整備そして広報など、万全を期して一次発掘が始まりました。

一次発掘が始まる

初めて発掘に、みんなワクワクして割り当てられたグリッドに入りました。

2013年8月　発掘の報告会

3か月後に、プロジェクトのメンバーが中心となって一次発掘の成果を報告する機会を設けました。

2013年11月　発掘20周年記念事業を開催

巨大なケーキを切り分けて、参加者にふるまいました。ケーキの中には、アケボノゾウの顎（あご）の形をしたチョコレートが埋まっていました。

2013年9月・11月、2014年3月

一次発掘の補足と二次発掘の準備をしました。

2014年4月　二次発掘

二次発掘では、シカの骨化石が次々出てきました。初めて骨化石を見つけた隊員もあり、大いに盛り上がりました。休憩時間には各地で活躍する化石を愛するみなさんからの楽しい話が聞けました。

二次発掘は、準備も含めると、18日間で延べ240人の隊員が参加しました。たくさんの参加者のあった日に写真を撮りました。

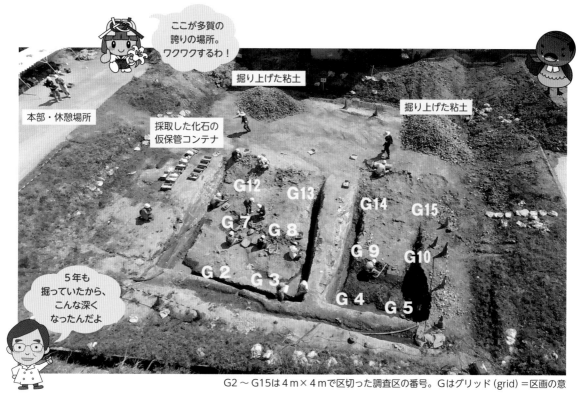

ここが多賀の誇りの場所。ワクワクするわ！

掘り上げた粘土

掘り上げた粘土

本部・休憩場所

採取した化石の仮保管コンテナ

G12 G13 G14 G15
G7 G8 G9 G10
G2 G3 G4 G5

5年も掘っていたから、こんな深くなったんだよ

G2～G15は4m×4mで区切った調査区の番号。Gはグリッド（grid）＝区画の意

2015年3月〜4月　三次発掘

　三次発掘の初日には、掘り方について、研修会を開き、「同じ面を掘り下げる」という意識が共有されました。

2016年4月　四次発掘

　なかなかアケボノゾウの痕跡（こんせき）が見つからないことに隊員の集まりも減ってきました。そのような、あせりとあきらめの雰囲気を一気に吹き飛ばしたのが、四次発掘が始まった直後、朝一番にグリッドに入った隊員により「ワニ」の歯が見つけられたことでした。

ワニが出た！

大物が見つかると、集中力が増す

2015年9月　補足発掘・発掘ツアー

　多賀の自然をめぐるエコツアーの一行が、町のバスで発掘現場を訪れました。
　発掘現場での化石フェスティバルは、盛り上がり、アケボノゾウの再発見を期待する声があがりました。

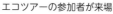

エコツアーの参加者が来場

9 琵琶湖の周りにすんでいたゾウたち

現在の琵琶湖の周りには、ゾウのなかまは生息していません。しかし、今から約500万年前から約2万年前まではさまざまな種類のゾウが繁栄し、入れ替わっていたことがわかっています。

約60万年前 トウヨウゾウ

湖が湖南や湖西に移動したころには、トウヨウゾウがごく短期間すんでいたことがわかっています。

江戸時代に近江国滋賀郡 南庄（現在の大津市伊香立南庄町）で「竜の骨」として見つけられたトウヨウゾウ化石は、ドイツ人教授ハインリッヒ・エドムント・ナウマンによって論文にされた興味深い逸話をもつ歴史的な化石です。

約100万年前 ムカシマンモスゾウ（シガゾウ）

アケボノゾウが姿を消した頃には、湖は瀬田から堅田地域に移っていました。その地層から「ムカシマンモスゾウ（シガゾウ）」の化石が出ていますが、部分的なものが多く詳しいことはわかっていません。

ムカシマンモスゾウの祖先は約170万年前に中国に出現しました。世界に広がる過程で日本列島に渡ってきました。

私はトウヨウゾウ。昔は「竜の骨」と思われていました！

私は一番新しいナウマンゾウ。みんなのご先祖さまと一緒に生活していたかも知れない！

私はアケボノゾウ。多賀で全身を見つけてくれたんだよ！

私はムカシマンモスゾウ。昔はシガゾウと呼ばれてたんだ！

私はミエゾウ。一番大きいんだよ！

琵琶湖　多賀　堅田　瀬田・草津　甲賀・日野　伊賀

■ 古琵琶湖層群

それぞれのゾウのイラストは、国立科学博物館編『太古の哺乳類展』図録を参考に作成

約400万年前　ミエゾウ

琵琶湖の周りにすんでいたミエゾウの起源は500万年以上前に大陸と陸続きであった頃、当時中国大陸に生息していた肩の高さが3.8mもあるツダンスキーゾウと考えられています。

約440万年前に三重県伊賀市に誕生した琵琶湖の周辺に、ミエゾウの歯や骨の化石とともに足跡化石も見つかっています。

約3万5000年前 ナウマンゾウ

日本列島から発見されるゾウの中で最もたくさん見つかっています。そのため、子どもから大人までの成長過程やオスとメスの違いがよく調べられています。日本列島では、ナウマンゾウは3万〜30万年前まで生きていましたが、多賀のナウマンゾウは絶滅する直前の3万〜4万年前に生きていたことがわかっています。詳しくは第5章をご覧ください。

約200万年前 アケボノゾウ

約250万年前頃になるとアケボノゾウが出現します。多賀で発見されたアケボノゾウは約180万〜190万年前にすんでいた肩までの高さが2mあまりの小型のゾウということがわかっています。

アケボノゾウはミエゾウから進化したと考えられています。

第4章 プロジェクトで何がわかったの

2013年から始まった多賀町古代ゾウ発掘プロジェクトでは、2016年にそれまでの4年間の成果を報告書としてまとめました。この章では報告書をもとにしながら、その後の調査の成果も加えて、これまでにわかったことを簡単に紹介します。（ここでは、各分野の専門家の研究成果を、編集部が図・イラスト・表などを用いてわかりやすく解説しました。さらに詳しく正確に知りたいと感じた人は、報告書『180万─190万年前の古環境を探る』をご覧ください。）

現在の琵琶湖

発掘地

堅田湖
約43万〜100万年前

蒲生沼沢地
約180万〜260万年前

阿山・甲賀湖
約260万〜320万年前

大山田湖
約340万〜400万年前

⑦ 昆虫
⑧ 貝
⑨ 珪藻
① 地層
⑩ 足跡
⑥ ワニ
② 植物
⑤ 魚（歯）
④ シカ
③ 花粉

安定した湖　　川〜沼を含む湿地

里口保文編　2015「滋賀県立琵琶湖博物館
第23回企画展示解説書」を参考に作成

地層から

今回の調査ではさまざまな種類の化石が発見されましたが、化石になった生き物は「いつ頃の時代に生きていたのか？」や「どのような環境にすんでいたのか？」も知りたいものです。そのためには調査地の地層がどんなものでできていて、どれくらいの厚さがあり、どのような広がり方をしているのかを調べることが大切です。

それらの地層の詳しい情報が、できた時代や当時の環境を知るために必要なのです。

アケボノゾウがいつ頃、どんな環境で生きていたかは地層を調べることでわかったんだ

ときどき洪水が…　　　　こんな風景かな？

調べた地層は約4.4mの厚さで、地殻変動によって西に傾いているんだよ

調査地の地層

変な模様が見えるけど、動物が歩いた跡なの？

アケボノゾウはこのあたりの地層から見つかったのね

地層は下から上に積み重なってできているので、火山灰より上の泥や砂は、それより新しい時代ということだ

洪水のたびに砂が流れ込む場所だったのかな？

ということは、この地層から見つかる化石も火山灰より新しいということだね

泥ばかりだと思っていたら、砂も混ざっているんだね

この火山灰を調べたら180万～190万年前ということがわかったよ

北

化石林

A層　塊状の泥
B層　有機質砂質泥
C層
D層　ノジュール
　　　動物による乱れ
E層　塊状の泥～砂質泥
　　　塊状の泥～砂質泥
F層　有機質砂質泥
G層　火山灰質の砂
H層　火山灰質の泥
I層
四手火山灰層

調査地の地層の概要

植物化石から

地層の中には、大昔に生えていた植物が化石として保存されています。植物化石では葉、種子、果実、枝、幹などさまざまな部分が見つかります。時には、立木（たちき）のまま埋もれてしまった化石（化石林）も見られます。

今回の調査では75種類もの化石が見つかり、昔の環境を明らかにする大きな手がかりを得ることになりました。

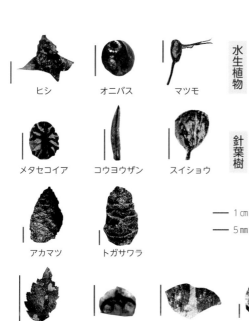

水生植物
ヒシ　オニバス　マツモ

針葉樹
メタセコイア　コウヨウザン　スイショウ

アカマツ　トガサワラ

ケヤキ　キクロカリア　イチョウ　ヒメブナ

広葉樹

シナサワグルミ　オオバタグルミ　ヤナギ　ハンカチノキ

— 1cm
— 5mm

オニバス、マツモ、ケヤキなど、古琵琶湖層群から初めて見つかった化石もあったんだね

ヒメブナ、オオバタグルミは絶滅した植物だったんだ

メタセコイア、イチョウ、コウヨウザン、スイショウ、シナサワグルミ、キクロカリア、ハンカチノキは日本から姿を消した植物だよ

アカマツやツガなどは、一年中緑を保っていたようね

湖沼にはヒシ、オニバス、マツモといった水生植物が生えていて、周辺はこんな風景だったのかな？

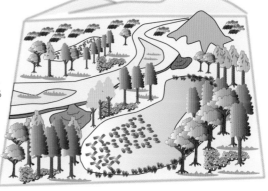

秋になると紅葉して葉を落とすメタセコイアやスイショウの針葉樹や、ケヤキやヤナギなど広葉樹もあったんだね

花粉化石から

　植物の花粉は地層の中に化石として残されます。形やもようの特徴から植物の種類を調べることができます。植物の実や葉っぱの化石とは違って肉眼では確認できない10〜100μm（0.01〜0.1mm）程度の小さな化石ですが、広い範囲にたくさん堆積していることから広い地域にどのような植物が生えていたのかを調べることのできる大切な化石です。

　大昔の化石とは思えないほどの美しい姿を顕微鏡で見ることができるのも花粉化石の魅力です。

大昔にも木や草の花粉が近くはもちろん遠くの山からも風で飛んだり川の流れで運ばれてきたことがわかったんだ。

見つかった主な花粉化石

10μm(0.01mm)

スギ科　　モミ属

調査では34種類もの花粉が見つかったのね

コナラ亜属　　アカガシ亜属

多賀の森が変わるような、気候や地形などの変化があったようだ

クマシデ属　　カエデ属

ニレ属／ケヤキ属

コウヤマキ属　　ハリゲヤキ属

シナノキ属　　ツガ属　　エノキ属／ムクノキ属

メタセコイアやマツのなかま
ヤナギやクルミのなかま
ブナやニレやケヤキのなかま
草や胞子のなかま

A層
B層
C層
D層
E層上部
E層中部
E層下部
F層上部
F層中部
F層下部
G層

0　10　20　30　40　50　60　70　80 %

地層から見つかった花粉化石の割合（高木花粉の数を100％として計算）

上の層になるほどメタセコイアなど針葉樹のなかまが増えて、ブナのなかまが少なくなっていくみたいね

54

4 シカ化石から

　シカの化石は死んでから分解されるまでに泥や砂に埋もれて残ったもので、見つかるのは骨、歯、ツノといった硬い部分です。大型動物は個体数も少ないので化石として見つかるのは珍しいことです。

　4次発掘が終了した時点で、43点もの骨や歯が見つかりました。そのうち種類がわかったのは29点で、すべてシカの化石でした。

180万〜190万年前の水辺には、シカもすんでいた！

骨は背骨、肋骨、ひざの骨、かかとの骨などで同じものが少ないことからおよそ2頭分の骨が散らばっていると考えているんだ

1992年に発見されたツノ化石で復元図のように先端が3つに分かれる。

10cm

**調査で見つかった
シカの骨化石と想像復元図**

5 cm

この全身骨格は1993年にアケボノゾウを発掘したすぐそばから見つかったシカのなんだって！

ついこつ
椎骨5点

上顎（うわあご）の歯

たくさんの骨が見つかったけど、何十頭も埋まっていたのではないんだね

右前脚（まえあし）の骨

ろっこつ
肋骨2点

左前脚の骨

ひざ
左膝の骨

指の骨

かかと
踵の骨

左前脚の骨

ツノの形が違っているね

現在、日本にすんでいるニホンジカは大人になると4つに分かれます

アケボノゾウが生きていた頃には、シカマシフゾウという、りっぱなツノを持ったシカもいたんだよ

今のニホンジカ

シカマシフゾウ

魚の化石から

魚の化石として見つかるものは咽頭歯と呼ばれる喉の奥にある歯が大部分です。咽頭歯の形は魚の種類によって違うことから、化石からどのような魚がすんでいたのか知ることができます。

調査地の咽頭歯化石は数mm程度と小さく見つけにくいのですが、植物化石とは違ってエナメル質の輝きを放ちます。調査では約200点もの咽頭歯の化石が見つかり、蒲生沼沢地にすんでいた魚のようすがわかってきました。

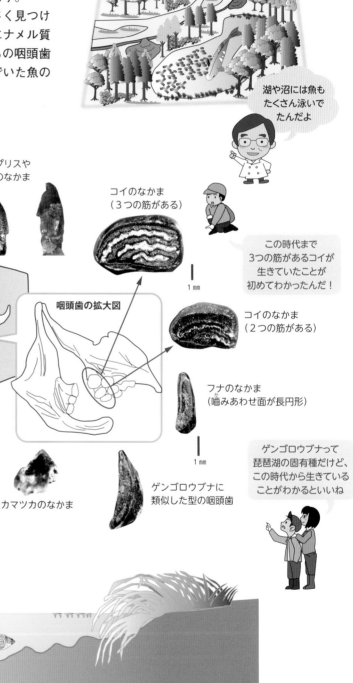

湖や沼には魚もたくさん泳いでたんだよ

クセノキプリスやクルターのなかま

1 mm

私の歯は喉(咽頭)にあるので「咽頭歯」とよびます。

コイのなかま(3つの筋がある)

1 mm

この時代まで3つの筋があるコイが生きていたことが初めてわかったんだ!

コイの頭と咽頭歯のイラストは、武田正倫編『育てるふれあう飼い方図鑑8　キンギョ メダカ コイ ドジョウ フナ』(ポプラ社)を参考に作成

咽頭歯の拡大図

コイのなかま(2つの筋がある)

フナのなかま(嚙みあわせ面が長円形)

1 mm

もし、タイワンドジョウだったら大発見!

タイワンドジョウに似ている歯

1 mm

カマツカのなかま

ゲンゴロウブナに類似した型の咽頭歯

1 mm

ゲンゴロウブナって琵琶湖の固有種だけど、この時代から生きていることがわかるといいね

この時代の湖沼にすんでいた魚はこんなだったのかしら?

ワニの化石から

　ワニの化石は先のとんがった歯が化石としてよく見つかります。形は円錐形で色は黒く光沢があり表面には先に向かって溝が伸びています。多賀地域では、2010年の「親子化石発掘体験」で小学生が初めて見つけました。この化石（第1標本）は鉛筆の先のようにとがった歯で、工業団地工事の時に保管していた粘土から出てきた歯の化石です。

　発掘プロジェクトでは3点の歯化石が見つかりました。2016年に初めて見つかったワニの歯（第2標本）はズングリとして太短い形をしていたことからヨウスコウアリゲーターの可能性を考えましたが、結論を出すことはできませんでした。その後も2本の歯化石が見つかっています。

180万〜190万年前の
多賀にはゾウだけでなく
ワニも生きていたことが
わかったんだよ

スケールは5mm

| 第1標本 | 第2標本 | 第3標本 | 第4標本 |
| 2010年 | 2016年 | 2017年 | 2018年 |

滋賀県で1つの地点から
4本もワニの歯が
見つかったのは
ここだけなんだよ

5本目は
自分が見つけて
ワニの謎をといてみたい！

多賀にいたのは、
どんな姿だったのだろう。
谷本さんが描いた細長い顎を
もったマチカネワニの
なかまだったのかなあ

想像復元図：谷本正浩さん作

それとも、
ヨウスコウアリゲーターの
ようなズングリ頭の
ワニだったのかしら

滋賀県で一番最後までワニが
生きていたのが多賀ということになる。
ワニにとっては
寒い気候になっていたはずなのに、
どうやって冬を越したのか？　ナゾだね

中国の安徽省で養殖されているヨウス
コウアリゲーター（谷本正浩さん撮影）

昆虫の化石から

昆虫化石は大昔にすんでいた昆虫の全体や体（翅など）の一部が化石となって残ったものです。

昆虫化石は1〜5mm程度と小さいですが、キラッと光る光沢があり、翅は青や紫など昨日まで生きていたような玉虫色の輝きを放つのでよくわかります。

見つかった化石は胸の部分もありましたが、ほとんどが翅でした

調査で見つかった
昆虫の翅や胸の化石

ゲンゴロウのなかま

コメツキムシのなかま

水面に葉を浮かべている植物を好むハムシのなかまがたくさんいたんだよ

ゾウムシのなかま

ネクイハムシの胸の一部分

調査で見つけた約270点でその8割がネクイハムシのなかまだったのね

フトネクイハムシのなかま

ミズギワゴミムシのなかま

古琵琶湖層群から初めて見つかった種類が多いんだ

アオゴミムシのなかま

アオヘリネクイハムシのなかま

ネクイハムシのなかでも一番多かったのがアオヘリネクイハムシで日本ではすでに絶滅しているものなんだ

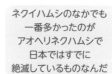

スケールは1mm

アオヘリネクイハムシはヒルムシロのような広い水面に葉を浮かべている植物を好むんだね

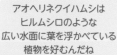

8 貝の化石から

四手地域からは、湖沼や川などに住んでいた貝の化石がたくさん見つかります。1991年から1993年までの調査（工業団地調査）では706点もの化石を採集し、カラスガイやオグラヌマガイのなかまなど、今も琵琶湖にすんでいる貝のなかまがたくさん見つかりました。

発掘プロジェクトでは200点以上の貝化石を採集しましたが、不思議なことにひび割れたり小さな破片になったカラスガイやドブガイの化石がたくさん見つかりました。

貝の化石が予想外に少ないし、細かく割れたものが多いんだ。その理由を一生懸命考えているよ

貝化石の産出比率（%）

 オオタニシ

 ガモウカワニナ

 オバエボシ

 イシガイ

 ガモウササノハ

 ホンカラスガイ

 ドブガイ

 ムカシオグラヌマガイ

スケールはすべて5cm

割れて食い違う成長線（赤線）

大きく割れたカラスガイ

工業団地調査ではホンカラスガイの割合がとても高く、ガモウカワニナも多かったんだ

これで、あまり知られていなかった蒲生沼沢地の貝の様子がずいぶんわかってきたんだ

でも今回は、イシガイやオオタニシの割合が高いのね

プロジェクト調査（2013年〜）
工業団地調査（1990年〜）

もしかして！ゾウがふんじゃった？

ピシッ！

珪藻（ケイソウ）の化石から

珪藻は植物プランクトンで藻のなかまの1つです。1つの細胞からなり、長さは0.005〜0.2mmしかなく、ほとんどが目で見ることができません。細胞はガラス質の殻でおおわれ、顕微鏡では美しいガラス工芸品のように見えます。殻が残りやすく、また環境によって出てくる種類が異なるので水辺の環境を知る大変有効な化石です。

調査ではA層からG層まで11点の資料から150種類もの珪藻化石が見つかりました。

珪藻の種類によってこの湖沼は一時的に深くなったものの、浅かったことがわかったんだ

付着性の珪藻は光が届く浅い場所でしか生きていけないんだよ

付着性の珪藻

浮遊性の珪藻

● サンプリングポイント

A層
B層
C層
D層
E層
F層
G層
H層
I層

四手火山灰層

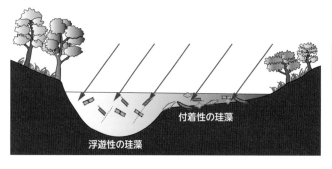

水草や湖沼の底で生きている珪藻（付着性）

深さに関係せず水中を漂って生きている珪藻（浮遊性）

A-1
A-2
A-3
A-4
A-5
A-6
C-1
C-5
C-2
C-4
C-3

オビジュウジケイソウとそのなかま

ハフウケイソウ

スジタルケイソウ

ナナメタルケイソウ

0.01mm

5種類の珪藻化石の割合の変化（%）

付着性珪藻が多いので、浅い時代が長かったようだ

浮遊性珪藻が増えたから、一時的に深くなったようだ

火山灰が降ったあとは浅かったようだ

足跡の化石から

水辺など湿った泥や砂などの上を動物が歩くと足跡がつきます。足跡の多くは風化によって消えていきますが、足跡が乾燥して固まったところに土砂が流れ込んだり、火山灰が降り積もったりすると地層の中に残る場合があります。地層の中の足跡は断面ではわかりにくく、工事や川の浸食によって地層面が広く顔を出した時に気づくことが多いようです。

調査では95個の足跡化石と思われる凹みが見つかりましたが、輪郭が明瞭なものは34個しかありませんでした。その中には、ゾウの足跡としていた凹みのなかにサイやワニのものがあることが確認されました。

湖や沼の水辺にはいろいろな動物が集まっていたに違いない。ゾウに混ざってサイやワニもいたようだ

1993年アケボノゾウ発掘時の地層面（岡村喜明さん撮影）

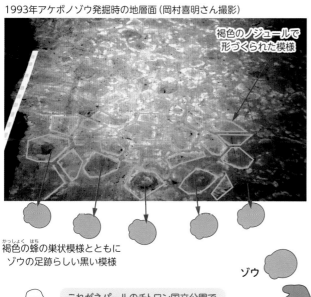

褐色のノジュールで形づくられた模様

褐色の蜂の巣状模様とともにゾウの足跡らしい黒い模様

これは、ぼくがつけた足跡

サイは3つの太くて長い出っ張りがみられ、ゾウとみわけることができるんだ

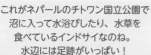
これがネパールのチトワン国立公園で沼に入って水浴びしたり、水草を食べているインドサイなのね。水辺には足跡がいっぱい！

ゾウ
サイ

これは、私のではないよ

水辺にはサイやシカの足跡がいっぱい見られるね

[左] インドサイ　[右] インドサイやシカ類の足跡（ネパールチトワン公園　岡村喜明さん撮影）

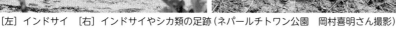

11 はしかけ古琵琶湖発掘調査隊の協力

第3章でも紹介したように、発掘プロジェクトにはさまざまな人たちが隊員として参加しています。その中の1つに、滋賀県立琵琶湖博物館のはしかけグループ「古琵琶湖発掘調査隊」があります。

琵琶湖博物館には、「はしかけ制度」という登録制度があります。博物館の理念に共感し、ともに博物館を作っていこうという意志を持った方が、テーマを決めてグループを結成し、博物館を利用しながら地域と博物館をつなぐ活動を行っています。

「古琵琶湖発掘調査隊」は、滋賀県内や三重県内に分布する古琵琶湖層群という地層や、その地層に含まれている化石について調べているグループです。野外に出かけて地層や化石を観察したり、採集した化石をクリーニングして種類を調べたり、勉強会を行うなど、活動を通じて、昔の琵琶湖の様子や当時の環境・生き物・植物などについて明らかにしていこうとしています。

「古琵琶湖発掘調査隊」は、2013年に「多賀町古代ゾウ発掘プロジェクト」に参加すべく結成されたグループで、勉強や実習を重ねながら、同年の第一次発掘から参加を続けています。発掘時には化石の採集、化石の一時保存、化石の採集位置の測定、発掘現場で行われている親子化石発掘体験のお手伝いなどを行っています。発掘後はクリーニング作業や標本の整理や同定などの活動を展開しています。メンバーの中には学芸員とともに研究を行っている隊員もいます。

はしかけのグループは、第一次発掘から継続的に参加しているんだよ。経験を積み上げ、プロジェクト推進の大きな原動力となっていいるんだ

微小な化石を探す作業

採取された化石のクリーニングや発掘現場で採取した土から数mmほどの大きさの微小な化石を探す作業も室内活動として継続的に取り組んでいます

採取した咽頭歯化石のクリーニング

2018年の秋には、あけぼのパーク多賀開館20周年記念事業として、多賀町教育委員会から多賀町立博物館に協力貢献した団体として表彰されたんだ

第七次発掘調査に向けての事前学習会

多賀町教育委員会の山中健一教育長から表彰

第5章 多賀は100年前から ゾウの里

多賀町はアケボノゾウが発見されるまで「ナウマンゾウの里」と呼ばれていました。それは芹川の川原から多数のナウマンゾウの化石が見つかっていたからです。標本には「久徳（きゅうとく）」の名前が付けられています。合併によって多賀町となるまでは久徳村であった中川原や月之木（つきのき）の地先で発見されたことに由来します。1999年11月に新中川原大橋の南詰めに「ナウマン象の郷中川原」と記したモニュメントがつくられました。台座には「自然と中川原区民の共生のシンボルとして建設した」と記されています。初めての発見から約100年、人々とナウマンゾウの化石には多くの物語がありました。

銭取橋

芹川

新中川原大橋

名神高速道路

大津→

←彦根

芹川床固工堰堤

芹川の辺りを歩く3人組……芹川3辺人（へんじん）

最初の化石は1916年（大正５）

多賀町は「ナウマンゾウの里」

芹川で最初のナウマンゾウ化石が見つかったのは、100年以上も前の1916年ごろのことです。当時、子どもだった野村海蔵さん（中川原の方と思われる）によって、銭取橋上流の川原で拾われた臼歯が、芹川ナウマンゾウの第１号となりました。

その後、1922年ごろと1926年ごろにも、銭取橋上流で化石が見つかりました。いずれもナウマンゾウの臼歯ですが、残念ながら破損がひどく、完全な形のものではありませんでした。

大正時代に見つかったナウマンゾウの化石は、長い間多賀中学校で保管されていましたが、1980年に多賀町歴史民俗資料館が開館したのを機に、他の化石とともに資料館で展示されるようになりました。そして1999年に多賀町立博物館が開館してからは、その後に見つかったすべての化石とともに、博物館で展示されています。

歴史民俗資料館に展示されていたナウマンゾウ化石

大正時代の３個の後、30年以上も化石の発見が途絶えていましたが、1958年に久徳橋の下流で４個目が、1960年に５個目の化石が見つかりました。この２個の化石は京都大学理学部に所蔵されており、多賀町立博物館ではレプリカが展示されています。

大正時代に見つかった化石（歴史民俗資料館に展示）

ここが、芹川の
銭取橋付近だよ。
この辺りから10個ほどの
臼歯が見つかって
いたんだよ

発見が相次いだ1973〜1980年

1973年から1980年までの間は、芹川で最も多くのナウマンゾウ化石が見つかった時期です。この時期の化石の発見には、3つの明らかな特徴がありました。

まず第一が、8年の間に6個もの化石が見つかったことです。特に1978年には2個、1980年には2個と、この2年ほどの間だけで4個もの化石が見つかりました。

第二に、化石が見つかった場所が、銭取橋の少し上流から名神高速道路の少し下流までの間に集中していることです。

第三の特徴は、それまでの化石がどれも割れたりすり減ったりしていたのに比べると、破損の少ないほぼ完全なものが見つかったことです。

1980年までに見つかったナウマンゾウの化石の一部

芹川の化石に名前がついた

1979年に、松岡 長一郎さんによって滋賀県のゾウ化石が集大成されました。芹川からはそれまでに9個の化石が見つかっていたので、それぞれの化石は久徳第1標本〜久徳第9標本と呼ばれることになりました。

標本の番号は、研究されたときの事情などから、一部が発見された順になっていないものがあります。また久徳第1標本だけは、当時はナウマンゾウではなくムカシマンモスゾウ（シガゾウ）だとされていましたが、後にこれもナウマンゾウであることがわかりました。

ねらいどおりに見つかった第11標本

1981年には「芹川産のナウマンゾウの臼歯の産出層を明らかにする」という目的で、雨森清さん、小早川隆さん、田村幹夫さんの3人組を中心に、「芹川のナウマンゾウを探る会」が結成されました。会の中心になった雨森さんは、「化石は銭取橋の近くで見つかるはずだ」と信じて何度も川原を歩き、ついに前年の秋、1980年の10月に銭取橋の上流で、川の流れの底に沈む化石を見つけていました。

この化石は同じ年に中川原橋の付近で見つかっていた10個目の臼歯に続くもので、「久徳第11標本」となりました。

雨森さんが発見した「久徳第11標本」

ナウマンゾウの臼歯化石を自分でも見つけようと、銭取橋の上流を歩いてねらいどおり見つかったんだ

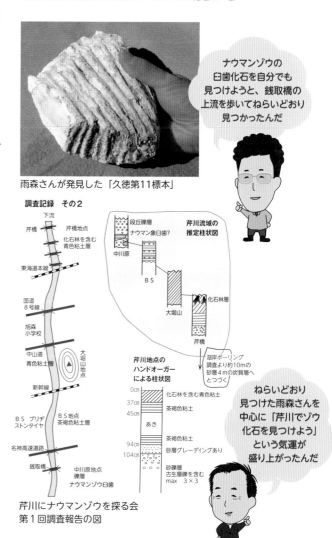

芹川にナウマンゾウを探る会
第1回調査報告の図

ねらいどおり見つけた雨森さんを中心に「芹川でゾウ化石を見つけよう」という気運が盛り上がったんだ

③ 解けない謎に挑む

化石は川原に落ちていた、もとの地層はどこに？

　1980年までに芹川では11個のナウマンゾウ化石が見つかっていました。しかし、いずれも川原に転がっていたものか、川底に沈んでいたもので、地層の中から掘り出されたものではありませんでした。

　化石が含まれている地層を調べると、生物が生きていた年代や当時の環境を詳しく知ることができます。芹川の化石は川原の転石なので、年代や古環境を知る手がかりはまったくありませんでした。

上流の洞窟か、川原の地層か？

　化石を含む地層がどこにあるかについては、2つの説がありました。1つは上流の石灰岩地帯の洞窟から流れ出したというものです（上流の洞窟説）。もう1つは川原に化石を含む地層があるという考え方です（川原の地層説）。

　松岡さんは、化石が白っぽい色をしていることから上流の洞窟から流れ出したのだろうと考えていました。これに対して藤本さんたち（p26）は、臼歯のすき間に細かな礫が貼り付いていることや、化石が久徳橋の下流からしか見つからないことから、川原の地層から流れ出したと考えていました。

謎が解けた

　雨森さんが第11標本を発見した後も、3人組は、ナウマンゾウ化石を含む地層を見つけるために、上流の石灰岩地帯や芹川の川原をたびたび歩き回っていました。

　そうこうするうちに、1991年からは四手の工業団地の工事が始まりました。1993年のアケボノゾウ化石の発見を機に、多賀町立博物館が建設されることになり、建設準備室に大島浩学芸員が着任しました。

　あけぼのパーク多賀の建物が完成し、多賀町立博物館が開館する直前の1998年秋のことです。11月1日、お昼に建設準備室に立ち寄った3人組は、午後から名神高速道路の下流を歩くことにしました。ここは1983年に大きな堰堤（床固工）ができて、下流側が深く浸食されていたからです。

上流の洞窟説
化石は上流の鍾乳洞から流れ出したものだ。

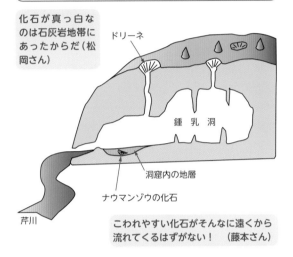

化石が真っ白なのは石灰岩地帯にあったからだ（松岡さん）

ドリーネ

鍾乳洞

洞窟内の地層

ナウマンゾウの化石

芹川

こわれやすい化石がそんなに遠くから流れてくるはずがない！　（藤本さん）

川原の地層説
化石は川原にある地層から流れ出したものだ。

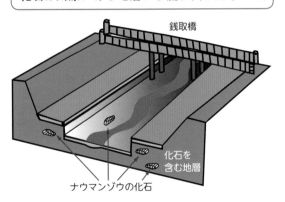

銭取橋

ナウマンゾウの化石

化石を含む地層

洞窟からは遠すぎるので、流れてくるうちに壊れてしまうはずだ

上流から流れてきたものなら、久徳橋より上流からも化石が見つかるはずだ

化石のすき間に、川原の地層にあるような小石が詰まっていた

川原の地層は礫ばっかりで、化石があるようには見えない

ちょっと前から、掘れている堰堤の下流が気になっていたんだよ。ようやく歩く機会が訪れたのが、この時だったんだ

4　牙だ！　地層に埋まっている！

水辺に白い丸太が

　芹川にやってきた3人が堤防に車を止めて川原を見下ろすと、堰堤の下流が深く浸食され、流れに沿って高さ3m近い崖ができていました。

　小早川さんが先頭を歩き、雨森さんと田村さんもそれに続きました。歩き始めてすぐ、100mも行かないうちに先頭の小早川さんは水辺に埋まっている白い丸太に気がつきました。

　「今まで探し求めてきた臼歯も白い。丸太が白いはずがない！　そして何よりも5年前に発掘したアケボノゾウの牙の根元に似ている」と小早川さんの一瞬の戸惑は確信に変わりました。

　そして、ひと呼吸おいて「あった！」と声を上げました。のぞき込んだ雨森さんも「あっ、牙だ」と叫びました。

　3人組は、川原の石ころの間から見えていた白いものがナウマンゾウの牙の一部であること、残りの部分は地層中に埋もれていることを確かめました。

予想もしなかった発見

　期待を何度も裏切られていた3人組にとって、この日の調査は仕事をした帰り際に「とりあえず歩いてみよう」という程度ののんびりとしたものでした。

　しかし、牙の出現によって、芹川に数万年前の異次元の世界が突然現れたような不思議な雰囲気が漂うとともに、一気に緊張感が走りました。

　我に返った小早川さんは、現場を記録しようと調査には必ず持ち歩いているカメラを取り出そうとしましたがありません。この重大発見の場に必需品のカメラを忘れてきたのです。しかも、雨森さんも、田村さんも持っていないことに気がつきました。

　家までが一番近い小早川さんは、頭が真っ白の状態であわてて取りに帰り、発見直後の牙の様子や周辺の風景を撮り始めました。

1986年
川に架かっているのは、名神高速道路の大橋

1998年
発見直後の様子

一瞬、目を疑ったけど、すぐに牙とわかって「バンザイ！」って叫んでしまったよ

川原から顔を出した牙

開館を飾る大発見！─大島学芸員の奮闘

手で慎重に掘る

上流に現代社会を象徴する名神高速道路を眺めながら、数万年前に哺乳類の代表として栄えていたナウマンゾウがなぜ多賀町からたくさん見つかっているのかという謎を解く作業が始まりました。まず、当初見えていた30cmほどの牙の周りの石を手でどけ始めました。礫層に埋もれているのがあと10cmなのか50cmもあるのか？　ワクワクドキドキしながらの作業となりました。

ところが、牙を壊さないように礫層を手で掘っていくのは時間がとてもかかります。さらに、掘れば掘るほど水がわき出て、さらに、水が濃い茶褐色に濁って埋まっている牙の様子が見えなくなります。

発見した時刻が午後３時過ぎ、晩秋の日暮れは早く薄暗くなってきます。このままでは間に合わないと、博物館建設の準備室へ事の様子を連絡したところ、すぐに大島さんや音田さんがスコップなどを持って駆けつけてくれました。

右端が大島さん

まだまだ続いている

大島さんはゾウ化石の専門家です。特にナウマンゾウに関しては、東京の地下鉄工事現場で発見された時の発掘など経験も豊富です。早速、牙がどのように埋まっているのかなどのアドバイスを受け、作業を進めました。しかし、辺りが薄暗くなるなか、１mほどまで現れた牙はまだ続いていて全貌が見えてきません。

そこで、途中まで掘り出した牙は安全のために一旦埋め戻し、改めて作業手順を考え、排水ポンプ等の道具を整えて作業にあたることにしました。

準備室に帰った大島さんは、明日の発掘に備えて「ナウマンゾウの象牙化石発掘作戦」をねり上げました。

次第に薄暗くなり作業が限界となる

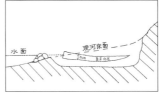

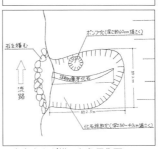

大島さんが描いた象牙化石採取のための掘削概略図

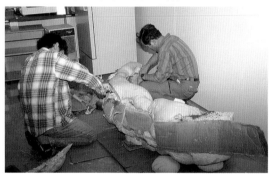
満面の笑みの雨森さん（上）、大島さん（下）

11月2日の早朝から再開

　翌日の早朝から集まった関係者は、シートの上をおおっていた礫を取り除き、昨日の状態に戻しました。大島さんは計画どおり排水ポンプを設置し、わき出る水の対策を万全にしました。その成果もあって、牙は細くなりながらさらに礫の奥へとつづいていることがわかりました。

　そして、昼頃にはついに最先端の部分まで現れました。中央部分では大きな石に乗り上げ、また先端部分は細いためにさすがに完全な状態ではありませんでしたが、長さが2mを超えるナウマンゾウの牙の姿が川原の礫の中から姿を現しました。

博物館へ運び、クリーニングへ

　ほぼ完全な牙はアケボノゾウ発掘の経験をもとに、現場で石膏とウレタン樹脂で保護してから開館準備が進む多賀町立博物館の実験室に運び込まれました。

　実験室では大島さんと3人組を中心に、補強用の石膏をはずし、泥や砂を取り除く作業が続けられました。きれいになった後は、乾燥による変形やひび割れが起こらないように型枠におさめて、記者発表をしました。

実験室で石膏とウレタン樹脂をはずす

長年の謎がとける
きっかけとなるとともに、
アケボノゾウの発掘から5年、
忘れていた興奮が蘇った
時間だったね！

多賀町が再び全国へ　11月19日

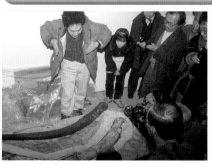
アケボノゾウとの違いを説明する大島さん

　記者発表は、開館を翌春にひかえた博物館ホールにおいて行われ、翌日の新聞には大きく取り上げられました。

　報道を聞いた町民の方々も訪れ、大島さんが5年前に発見されたアケボノゾウの牙との違いの説明に興味津々でした。

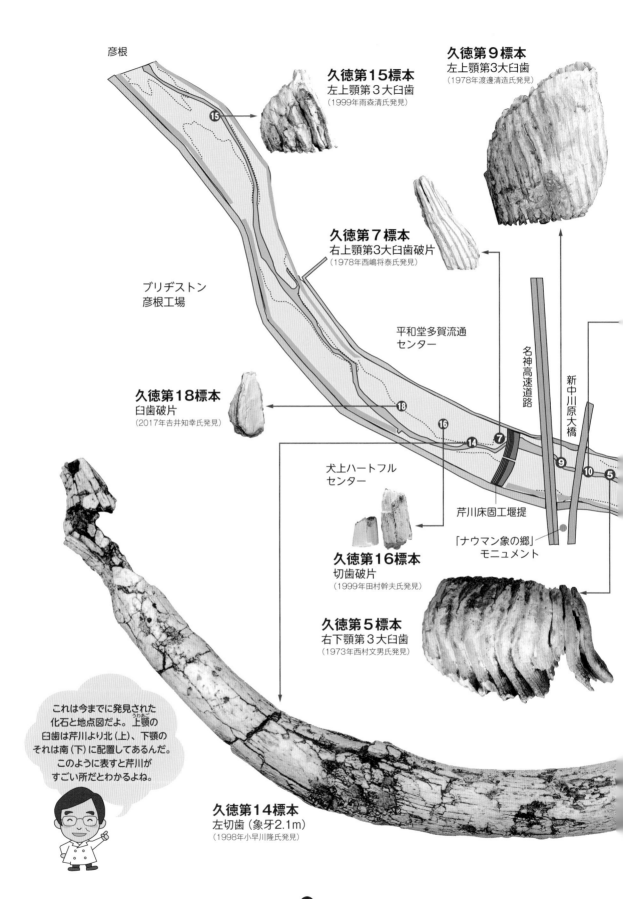

彦根

久徳第15標本
左上顎第3大臼歯
（1999年雨森清氏発見）

久徳第9標本
左上顎第3大臼歯
（1978年渡邊清造氏発見）

久徳第7標本
右上顎第3大臼歯破片
（1978年西嶋将泰氏発見）

ブリヂストン
彦根工場

平和堂多賀流通
センター

名神高速道路

新中川原大橋

久徳第18標本
臼歯破片
（2017年吉井知幸氏発見）

犬上ハートフル
センター

芹川床固工堰堤

「ナウマン象の郷」
モニュメント

久徳第16標本
切歯破片
（1999年田村幹夫氏発見）

久徳第5標本
右下顎第3大臼歯
（1973年西村文男氏発見）

これは今までに発見された
化石と地点図だよ。上顎の
臼歯は芹川より北（上）、下顎の
それは南（下）に配置してあるんだ。
このように表すと芹川が
すごい所だとわかるよね。

久徳第14標本
左切歯（象牙2.1m）
（1998年小早川隆氏発見）

6 芹川のナウマンゾウ化石マップ

芹川の河原ではたくさんのナウマンゾウの化石が発見されています。初めて発見された1916年以降およそ100年を経た現在では18個に達しています。その大部分は臼歯（奥歯のこと）ですが、1998年には象牙（ゾウの牙は人間の「前歯（切歯）」にあたります）、1999年には骨が見つかっています。最も新しい化石は、2017年に見つかった臼歯のかけらです。

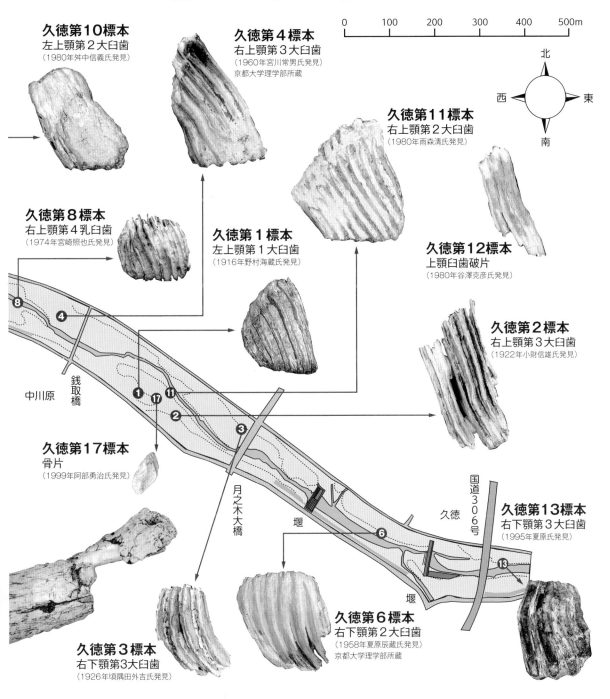

久徳第10標本
左上顎第2大臼歯
（1980年舛中信義氏発見）

久徳第4標本
右上顎第3大臼歯
（1960年宮川常男氏発見）
京都大学理学部所蔵

久徳第11標本
右上顎第2大臼歯
（1980年雨森清氏発見）

久徳第8標本
右上顎第4乳臼歯
（1974年宮崎照也氏発見）

久徳第1標本
左上顎第1大臼歯
（1916年野村海蔵氏発見）

久徳第12標本
上顎臼歯破片
（1980年谷澤克彦氏発見）

久徳第2標本
右上顎第3大臼歯
（1922年小財信雄氏発見）

中川原

銭取橋

久徳第17標本
骨片
（1999年阿部勇治氏発見）

月之木大橋

堰

久徳第13標本
右下顎第3大臼歯
（1995年夏原氏発見）

国道306号

久徳

堰

久徳第3標本
右下顎第3大臼歯
（1926年頃隅田外吉氏発見）

久徳第6標本
右下顎第2大臼歯
（1958年夏原辰蔵氏発見）
京都大学理学部所蔵

北
西　東
南

0　100　200　300　400　500m

新たな挑戦　年代を決めろ！

川底に続く「ナウマンゾウの地層」

　牙が見つかった地層はほとんどが大小の石ころばかりの礫層で、化石が含まれていたあたりでは３m近い高さの壁になっています。牙が見つかった地点より下流では、壁は少しずつ低くなりながら、約１km下流のブリヂストン彦根工場の付近まで地層が続いていました。「壁の地層に化石があるはずだ」「化石は、壁のすぐ下に落ちているはずだ」と考えて、３人組は1999年５月、川の水量が少なくなる時期をねらって仲間とともに一斉に川原を歩きました。

　その結果、牙が見つかった場所から約800m下流で、ねらいどおりに臼歯（久徳第15標本）が見つかりました。化石は浅い水の底に沈んでいて、そのすぐ横には化石を含んでいたはずの地層が、低い壁になって顔を出していました。

放射性炭素¹⁴Cによる年代測定

　ナウマンゾウがいた年代を決めるのに最も有効なのは、放射性炭素¹⁴Cによる年代測定です。炭素は生物の体を作る基本元素のひとつで、植物にも動物にも含まれています。植物化石に含まれる炭素で測定するのが一番よいのですが、化石を含む地層からは年代測定のできる植物化石が見つかりませんでした。

　そこで考えられたのが、臼歯の化石に残るコラーゲンというタンパク質による年代測定です。2009年に、京都大学の北川博道さんによって、芹川産ナウマンゾウ化石の年代測定が行われました。その年代値は、京都大学所蔵の久徳第４標本が約３万9600年前、久徳第６標本が約３万3500年前という結果でした。多賀町立博物館にある久徳第13標本も同時に測定されたのですが、こちらはコラーゲンの含有量が少ないため、測定ができませんでした。

植物化石をさがせ

　臼歯のコラーゲンで年代が出ましたが、やはりどうしても植物化石（植物遺体）で年代測定をしたいと考えた田村さんは、北川さんが臼歯の年代を発表した後も、ひとりで植物化石をさがして歩

発見した第15標本を指す雨森さん

黒っぽい部分が年代測定に用いることができる植物片

第13標本から測定用資料を採取している

粘土層

き続けていました。

　ゾウを含む地層は礫層がほとんどですが、ところどころ厚さが数十cmから１mぐらいの茶褐色の粘土層がはさまれていることがあります。2011年11月、田村さんはついに粘土層の中に黒っぽい植物の破片が含まれているのを見つけました。場所は久徳第15標本が見つかったすぐそばで、粘土層はまちがいなく化石を含む地層の一部でした。

　2015年になって、琵琶湖博物館の高橋啓一さんがこの植物片の年代測定を業者に依頼したところ、約２万7000年前という数字が出ました。臼歯と植物化石から、ともに約３万年〜４万年前という年代が出たことで、多賀のナウマンゾウは日本のナウマンゾウの中でも最も新しい時代のものだということがはっきりしました。

多賀には日本で最後の時代のナウマンゾウがすんでいたことがわかったんだ

さらなる夢を追って

堰（堰堤）と化石とヒトと

牙が見つかった地層は、中川原礫層と呼ぶことになりました。中川原礫層は、名神高速道路橋の下流の堰（堰堤）付近から約1km下流まで続いています。また上流も、国道306号の久徳橋付近までは確実に続いています。第14標本の牙や第15標本の臼歯が見つかったのは、1983年に堰ができて川底が浸食され、中川原礫層が川底に露出したためでした。

堰ができた後、上流側は逆に川底に土砂がたまって、中川原礫層は隠れてしまいました。右図は化石が見つかった年代と発見地点を図にしたものですが、第三期と第四期の発見地点を比べると、1983年に完成した堰の影響がよくわかります。さらに、銭取橋から久徳橋の間には昔から農業用水を取り入れるための2つの堰があります。第一期と第二期の発見も特定の時期に偏っているので、化石の発見は堰や堤防の改修などヒトの暮らしに関わりがあるのかもしれません。

夢はふくらむ、次回のドラマの主役は

1999年に牙の破片が見つかって以降、発見が途絶えました。この間にも、ナウマンゾウを追って、3人組以外にも川原を歩く人がありました。2017年は増水や改修工事により川原が歩きやすくなり、11月には子どもたちと博物館の学芸員らが川原を調査しました。その時は何も見つかりませんでしたが、12月末になって、白い破片をもって来館された方がありました。見れば間違いなくナウマンゾウの臼歯の一部です。発見者は少年の頃の夢を「芹川に託して」川原歩きを続けていた吉井知幸さんで、18年ぶりの発見となりました。

ヒトが日本列島に住み着いたのは約3万〜4万年前といわれています。多賀にナウマンゾウがいた時代と重なることから、両者が出会っていた可能性もあります。ヒトが暮らしのために造った堰がきっかけとなり、数万年という時を超えて再会できたとすれば、私たちはなんて夢のある悠久のドラマを見ていることになるのでしょうか。みなさんも、このドラマの主役になってみませんか。

化石が発掘されるサイクル

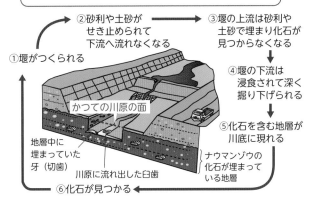

①堰がつくられる
②砂利や土砂がせき止められて下流へ流れなくなる
③堰の上流は砂利や土砂で埋まり化石が見つからなくなる
④堰の下流は浸食されて深く掘り下げられる
⑤化石を含む地層が川底に現れる
⑥化石が見つかる

かつての川原の面
地層中に埋まっていた牙（切歯）
川原に流れ出した臼歯
ナウマンゾウの化石が埋まっている地層

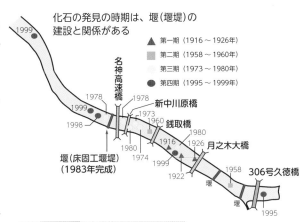

化石の発見の時期は、堰（堰堤）の建設と関係がある

▲ 第一期（1916〜1926年）
■ 第二期（1958〜1960年）
□ 第三期（1973〜1980年）
● 第四期（1995〜1999年）

名神高速橋
新中川原橋
銭取橋
月之木大橋
306号久徳橋
堰（床固工堰堤）（1983年完成）
堰

発見当時のお話をされる吉井知幸さん（左）

多賀においてヒトとナウマンゾウの出会いはあったのでしょうか。3万年前の多賀を想像してみると…

多賀町の地質と自然のマップ

　多賀町の地質は、地質調査所が作成した「彦根東部や御在所山の地質図」によって知ることができます。図はそれをもとに簡略化した石の分布図です。北部は緑色や青色が目立ち、玄武岩や石灰岩が広く分布していることがわかります。一方、南部は赤色、桃色および紫色が目立ち、火山活動に関係する火砕岩類や花崗斑岩が分布していることがわかります。西部の白色はアケボノゾウやナウマンゾウの化石が発見された、古琵琶湖層群や沖積層が分布していることがわかります。

　多賀町の自然はこのような地質によって、特徴づけられている多くの事柄があります。

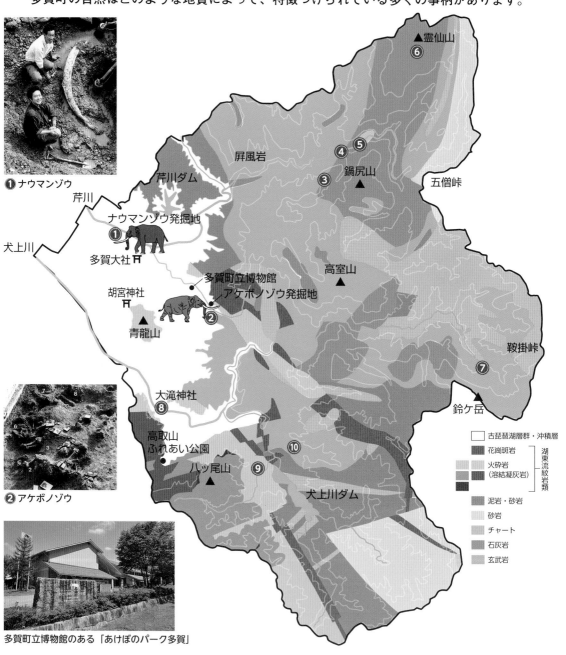

❶ ナウマンゾウ

❷ アケボノゾウ

多賀町立博物館のある「あけぼのパーク多賀」

凡例：
- □ 古琵琶湖層群・沖積層
- ■ 花崗斑岩 ｝湖東流紋岩類
- 火砕岩（溶結凝灰岩）｝
- ■ 泥岩・砂岩
- 砂岩
- チャート
- 石灰岩
- 玄武岩

地図内の地名：
▲霊仙山 ⑥／屏風岩／芹川ダム／④⑤／③ 鍋尻山▲／五僧峠／ナウマンゾウ発掘地 ❶／芹川／犬上川／多賀大社／高室山▲／多賀町立博物館／アケボノゾウ発掘地 ❷／胡宮神社／青龍山▲／鞍掛峠／⑦／鈴ケ岳／大滝神社 ⑧／高取山 ふれあい公園／⑩／八ツ尾山▲／⑨／犬上川ダム

芹川源流域に広がる近江カルストには今から約3億年前の海底火山とその周辺のサンゴ礁で造られた玄武岩と石灰岩が広く分布しています。石灰岩にはフズリナやウミユリをはじめ貝や三葉虫も発見され化石マニアの聖地となっています。

④ 河内風穴（近江カルスト）

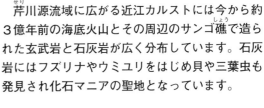

⑥ カレンフェルト（近江カルスト）

③ ドリーネ（近江カルスト）

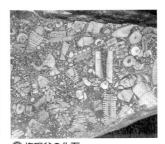

⑤ 権現谷の化石

⑦ 玄武岩の枕状溶岩

大滝神社の辺りでは硬い湖東流紋岩類の萱原溶結凝灰岩を犬上川が穿ち、長い年月をかけて深い淵を造ってきました。節理（岩石にできた規則性のある割れ目）に沿ってうねりながら流れ落ちる様が、巨大な蛇に見えることからこの淵を「大蛇ケ淵」と呼んでいます。灰白色の岩肌には火山噴火による軽石が溶結し、緑色のレンズ状の模様を造っています。

湖東流紋岩類は約7000万年前の巨大噴火で形成された溶結凝灰岩を中心とした石です。萱原の深谷で見られる萱原溶結凝灰岩は鈴鹿山麓で最も広く分布する火砕流堆積物で、熱い堆積物が冷えていく過程で形成されたみごとな「柱状節理」が観察できます。

⑧ 大蛇ケ淵

⑨ 高さ20mを越える柱状節理

⑩ 金蓮寺の蛇石

おわりに

大地の誕生から湖の時代

　多賀町の山や川には地球規模で起こった大きな地殻変動の歴史が残っています。例えば、芹川の上流域では数億年前の「暖かな広い海のサンゴ礁」、また犬上川南谷川の流域では約7000万年前の「巨大火山噴火」の痕跡を見ることができます。それらは、多賀町の大地が造られていく過程で、今では想像もできない激しい変動があったことを教えてくれます。そのような時代と比較すると、アケボノゾウが生きていた頃は古い琵琶湖の水辺に森が広がる比較的穏やかな時代であったようです。やがて三重県側が隆起し始め、鈴鹿の山々ができて芹川が琵琶湖へと流れ出した頃には、ナウマンゾウが住み着いていたようです。

豊かな人の暮らしが始まった時代

　遺跡調査によると、私たちの祖先が多賀町に住み始めたのは縄文時代中期約4500年前と考えられています。ナウマンゾウが多賀町から姿を消して、すでに約2万年の年月が過ぎた頃になります。それまで主役であったナウマンゾウからヒトへ、どのようにバトンが引き継がれたのかいまだに不明です。暮らし始めた人々は、芹川や犬上川の扇状地を豊かな大地にするため労苦を惜しまなかったのでしょう。弥生時代後期の約1800年前には水路が、古墳時代の約1500年前の遺跡からは複数の古墳群が見つかっています。さらに奈良時代には用水路が引かれ水田開発されたことが「東大寺開田図（近江国水沼村墾田地図）」（水沼村は現在の多賀町敏満寺にあたる）から明らかになっています。これは東大寺が多賀を価値のある豊かな地域と認めていたことの証です。その後、現在に至るまで培われてきた歴史文化のもとで、私たちは暮らしてきました。

これからも「ゾウの里」

　本書ではアケボノゾウの発掘を中心として、多賀町の自然とそれに関わっていただいた方々の物語を紹介してきました。アケボノゾウやナウマンゾウの化石は、時空を超えて私たちに多くのものを語ってくれているように思います。アケボノゾウの発掘から20年が過ぎましたが、これからの20年もまた「ゾウの里」としての誇りをもち、日本の宝「アケボノゾウ化石」を未来へと引き継いでいきたいと思います。

　2020年3月

多賀町立博物館一同

多賀町古代ゾウ発掘プロジェクト参加者

団　長：小早川隆

副団長：阿部勇治、藤井　慶

事務局：糸本夏実、音田直記、川畑幸樹、北村竜二、佐野正晴、清水優子、
　　　　但馬達雄※、夏原伸幸、藤森教子、本田　洋、森谷　忍（※事務局長）

専門班：雨森　清、荒川忠彦、飯村　強、大久保実香、大﨑亜見、大塚泰介、大橋　洋、岡村喜明、川合美穂、
　　　　小西省吾、里口保文、瀬戸川正和、高橋啓一、谷本正浩、田村幹夫、堂満華子、富小由紀、中島　健、
　　　　名取和香子、服部圭治、林　竜馬、林　成多、平山　廉、福井龍幸、三矢信昭、村田博之、保井綾華、
　　　　八尋克郎、山川千代美、吉田孝紀、渡辺克典

琵琶湖博物館はしかけ古琵琶湖発掘調査隊

青山喜博、石丸真菜、一色厚志、居藤恭吾、今井沙知子、今井虎ノ介、今井　花、大沢果那、神谷悦子、
岸田教敬、北田　稔、木村誠二、木村　爽、木本裕也、坂本大介、佐野恭子、佐野和子、佐野裕也、佐野隼也、
杉山國雄、田口悠平、田中　駿、田中一茂、田中喜久、田中瑛斗、谷本由美、徳永　優、徳永義利、
徳永成美、中村絆那、中村みどり、西岡　陸、西之園保夫、馬場喜滉、日比野愛子、福嶋啓志、福嶋佳子、
福嶋正思、藤井聖司、堀田修身、堀田博美、丸尾雅啓、丸尾秀幸、森野泰行、安原　輝、矢野　修、
矢野としこ、山本つや子、山本阿子、吉川秀司、渡邊和彦

多賀町発掘お助け隊

天野直樹、池尻正美、池尻和佳、一円重紀、植野智美、植野遥人、江崎容子、大久保恵理子、大久保怜菜、
大久保彩伽、大久保柚莉、岡信博、小野幸弘、小野龍星、神細工雄大、神細工悦子、神細工友梨、岸田幸治、
岸邉吏江子、岸邉佑汰、岸邉亮典、北川雅也、神山義孝、小林高章、小林咲登、集治靖幸、集治友雅、
集治燎一、竹内真作、坂本颯太、田中晃実、田中博英、田中咲菜、田辺友美、田辺　雷、谷上清仁、
田畑喜久弘、辻村耕司、中川信子、夏川圭子、西川　雅、火口悠治、平木聡美、平木慎一朗、松宮香代子、
松宮　葵、宮里昌宏、宮里美保子、宮野佐喜次、毛利建玖、毛利好希、森　典恵、森　湊佑、幸田康弘、
幸田悠生、幸田理江、幸田怜奈、横井千恵、横井俊浩、吉田保裕、米田久美子

執筆・編集　　多賀町立博物館：阿部勇治、糸本夏実、小早川隆※、但馬達雄　（※執筆責任者）

執筆協力　　　雨森　清、飯島正也、大﨑亜見、大塚泰介、岡村喜明、神谷悦子、里口保文、高橋啓一、谷本正浩、
　　　　　　　田村幹夫、堂満華子、富小由紀、布谷知夫、林　竜馬、林　成多、八尋克郎、山川千代美

画像提供等協力　大八木和久、小田　隆、北村敏子（故人）、小西省吾、高橋　進、村長昭義（故人）、平松光三、
　　　　　　　アミンチュプロジェクト藤井組、（一社）多賀観光協会、滋賀鉱産㈱、滋賀県立琵琶湖博物館

イラスト・図　糸本夏実

参考文献

川那部浩哉・高橋啓一 (2008)　化石は語る　ゾウ化石でたどる日本の動物相　八坂書房

里口保文 (2016)　琵琶湖はいつできた―地層が伝える過去の環境―　琵琶湖博物館ブックレット⑦　サンライズ出版

里口保文・林竜馬・高橋啓一・山川千代美 (2015)　琵琶湖博物館第23回企画展示解説書「琵琶湖誕生」

高橋啓一 (2016)　ゾウがいた、ワニもいた琵琶湖のほとり　琵琶湖博物館ブックレット①　サンライズ出版

高橋啓一編 (2017)　180-190万年前の古環境を探る　多賀町古代ゾウ発掘プロジェクト報告書　多賀町教育委員会

多賀町教育委員会編 (1993)　アケボノゾウ発掘記　四手の丘陵に夢を掘る　多賀町教育委員会

武田正倫編 (1989)　育てるふれあう飼い方図鑑8　キンギョ メダカ コイ ドジョウ フナ　ポプラ社

田村幹夫・雨森清・小早川隆・荒川忠彦・北川明照・多賀優・但馬達夫・西川一雄・三矢信昭 (1993)　滋賀県犬上郡多賀町　びわ琵琶湖東部中核工業団地造成工事に伴う地学　調査報告書（その1）　多賀町文化財・自然史調査報告書第3集　多賀町教育委員会

富田幸光・矢部淳 (2014)　太古の哺乳類展　日本の化石でたどる進化と絶滅　国立博物館

林竜馬・中村久美子・大槻達郎・里口保文・姉尾裕介・高橋啓一・八尋克郎・山川千代美 (2018)　琵琶湖博物館第26回企画展示　化石林　ねむる太古の森

原山智・宮村学・吉田史郎・三村弘二・栗本史雄 (1989)　御在所山地域の地質、地域地質報告　地質調査所

松岡長一郎 (1997)　近江の竜骨　湖国に象を追って　別冊淡海文庫6　サンライズ出版

宮村学・三村弘二・横山卓雄 (1976)　彦根東部地域の地質、地域地質報告　地質調査所